尼康单反摄影入门

张贞　编著

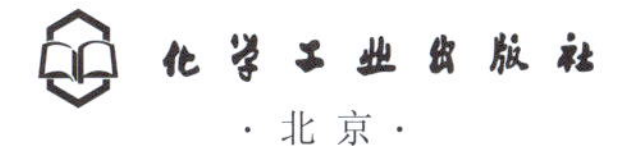

·北京·

本书重点讲解了尼康单反相机的功能设置及使用方法，以解决许多摄影爱好者虽然一直在使用相机，但对许多实用功能缺乏了解的问题。本书对相机的每一个按钮以及绝大部分常用功能菜单进行了全面的讲解，并对各类镜头、滤镜以及常用摄影附件的选择与使用方法进行了介绍。同时，还通过大量精美的实拍照片，深入剖析了使用尼康单反相机拍摄人像、儿童、风光、微距、动物等常见题材的技巧，以便让读者在掌握相机操作的基础上快速提高实拍技能。

本书特别适合将要或已经购买尼康单反相机的摄影爱好者阅读。

图书在版编目（CIP）数据

尼康单反摄影入门 / 张贞编著 . —北京：化学工业出版社，2018.10（2025.5 重印）
ISBN 978-7-122-32849-6

Ⅰ . ①尼…　Ⅱ . ①张…　Ⅲ . ①数字照相机 - 单镜头反光照相机 - 摄影技术　Ⅳ . ①TB86②J41

中国版本图书馆 CIP 数据核字（2018）第 188569 号

责任编辑：孙　炜　王思慧　　　装帧设计：王晓宇
责任校对：王素芹

出版发行：化学工业出版社（北京市东城区青年湖南街13号　邮政编码100011）
印　　装：北京宝隆世纪印刷有限公司
880mm×1230mm　1/32　印张7　字数232千字　2025年5月北京第1版第10次印刷

购书咨询：010-64518888　　售后服务：010-64518899
网　　址：http://www.cip.com.cn
凡购买本书，如有缺损质量问题，本社销售中心负责调换。

定　　价：58.00元　

前 言

工欲善其事，必先利其器。在摄影行业，这句话应该如何解释呢？笔者以为这并不是指要拍出好照片，必须先要有好器材。器材固然重要，但与好照片并不画等号。那么怎样才能拍出好照片呢？笔者认为掌握手中相机使用技巧是第一要务。试想如果在拍摄时都不能够正确设置参数、菜单功能选项，不能够充分利用相机的优秀功能解决拍摄难题，又如何能抓住时机拍出好照片呢？

本书是一本能够帮助读者全面、深入、细致地了解和掌握相机的各个按钮和常用功能，搞懂镜头和附件的选择与使用，学会拍摄佳片必须掌握的摄影知识以及实拍技法的实用型图书。

首先，本书对尼康单反相机的各个按钮及拨盘的作用进行了详细讲解，如快门按钮、MENU按钮、INFO按钮、播放按钮等。

其次，本书对使用尼康单反相机拍摄时要注意的事项进行了剖析，如快门的正确按法、拍摄前应该检查的参数等。

第三，本书讲解了各个曝光模式，让摄影爱好者清楚地知道各种模式的适用场合及拍摄效果。

第四，讲解了丰富的镜头和附件知识，包括镜头基础知识镜头保养技巧、不同用途的推荐镜头、常用滤镜的应用场景和使用技巧。

第五，讲解了尼康单反相机的白平衡运用技巧，以及决定照片品质的3个因素。

第六，讲解了各类摄影题材的实战技法，如时尚美女、可爱儿童、山峦、水景、日出日落、雾景、花卉、雪景、动物、城市风光、城市夜景等。

本书在讲解各部分内容时，还加入了提示模块，给出了一些不同型号相机间在功能上的细微区别、使用经验和注意事项，以便帮助读者了解相机功能。

为了方便及时与笔者交流与沟通，欢迎读者朋友加入光线摄影交流QQ群（群12：327220740）。关注我们的微博http://weibo.com/leibobook或微信公众号FUNPHOTO，每日接收全新、实用的摄影技巧。

也可以拨打我们的电话13011886577（同微信号）与我们沟通交流。

编　者

目 录

第3章

合理使用不同的拍摄模式

第4章

尼康镜头详解

第5章

就这几招让你的相机更稳定

第6章

滤镜配置与使用详解

第7章

色温与白平衡运用技巧

第8章

决定照片品质的3个因素之一——曝光

第9章

决定照片品质的 3 个因素之二——对焦

第10章

决定照片品质的 3 个因素之三——景深

第11章

掌握构图与用光技巧

第12章

美女、儿童摄影技巧

第13章

风光摄影技巧

第14章

昆虫、鸟类等动物摄影技巧

第15章

城市建筑与夜景摄影技巧

第1章

学会使用机身按钮

熟练使用相机的重要性

摄影圈一直流行着一句话：最重要的是镜头后面的那个头，并被很多摄影爱好者及专业摄影师所认同，其中的“镜头”往往统指相机、镜头及相关附件等器材，而“镜头后面的那个头”，当然就是指摄影师本人，这在很大程度上说明了，摄影需要摄影师综合运用构图、光线、色彩等摄影知识，结合对拍摄对象的捕捉甚至布局等，才有机会拍出摄影佳作。但要注意的是，很多摄影初学者，容易将这句话反向理解为“镜头（器材）是不重要的”，这就是初学者很容易走进的误区了。在笔者看来，“最重要的是镜头后面的那个头”这句话对摄影初学者而言，是不准确甚至是错误的。

“工欲善其事，必先利其器”，这句话出自于《论语·卫灵公》，意为工匠想要使他的工作做好，一定要先让工具锋利。同理，对摄影而言，要想做好“摄影”这个工作，用好“相机”这个工具，是必要的前提和基础。读者经常遇到由于持机姿势问题而导致照片拍虚了、由于测光模式问题而导致照片曝光过度或曝光不足、由于白平衡设置问题而导致照片偏色等这些初学者容易犯的错误，往往都是对相机使用不当，或没有充分认识到相机使用的重要性导致的。

200mm F6.3 1/320s ISO320

另外，回到“最重要的是镜头后面的那个头”这句话中，笔者并不否定甚至是赞同它的价值，只是对初学者而言，这句话的前面应该加上一句“当你玩转相机以后”，这样才会让初学者正确认识“玩转相机”的价值和重要性。

从另一个角度来说，布烈松、安塞尔·亚当斯、李少白、简庆福、陈长芬、石广智、贺延光等国内外的诸多摄影名家中，无一不是能够熟练使用相关摄影器材的“器材高手”。但器材使用的价值是有限的，当熟练使用器材后，其使用价值就很难再进一步提高了；反之，摄影思想层面的价值则可以说是无限的。因此，各大摄影名家没有人会标榜自己是“器材高手”，因为这只是摄影的初级阶段，但不可否认，这些摄影名家往往是以“器材高手”为基础，或逐渐成为“器材高手”，从而保证自己的摄影创作、思想表达，不会受到器材的限制。而对摄影初学者而言，恰恰是处在“摄影的初级阶段”，因此非常有必要掌握好相机及相关器材的使用。

17mm F22 1s ISO100

相机上的按钮功能如何学习

“器欲尽其能，必先得其法”，这句话同样出自于《论语·卫灵公》，是“工欲善其事，必先利其器”的后半句，意为想要让工具发挥它的作用，必须先明白它的使用方法。同理，对摄影而言，要发挥相机的作用，为摄影创作保驾护航，就要先掌握其使用方法。

对相机而言，最先接触到的就是相机上的各个转盘、按钮等，这些往往是相机的核心功能，也是摄影过程中经常用的，因此下面以相机上的典型按钮为例，结合本书内容讲解其功能的学习方法。

通过本书学习

本书对相机的基本结构及常用按钮的用法做了详细的演示和说明，可以让读者较为直接和快速地了解其功能，是最常用的学习方法。

以右侧的图文说明为例，要设置白平衡，首先可以按下WB按钮，然后使用◀和▶方向键在速控屏幕中选择需要的白平衡模式即可。

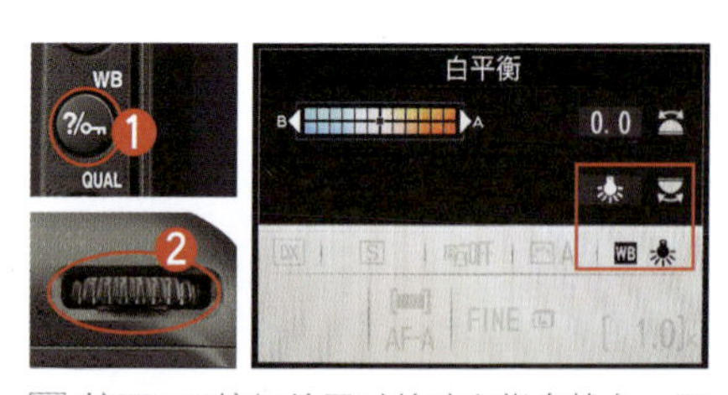

按下WB按钮并同时转动主指令拨盘，即可选择不同的白平衡模式

此外，本书还配有大量功能示意图，帮助读者直观地理解一些抽象、枯燥的功能及参数，再结合优秀的摄影作品，提高学习乐趣和效率。

通过视频学习

除了使用本书这种平面纸媒体进行学习外，还可以在网上搜索与摄影相关的视频教程，例如，可以进入funsj.ke.qq.com学习与摄影相关的免费摄影课程。

通过新媒体学习

对初学者而言，遇到难以理解的问题时，不妨通过手机APP、QQ群、微信公众号等新媒体，通过提问、交流等方式，提高自己的学习效率。例如，可以关注我们的微信公众号“好机友摄影”，里面已经有5000余篇摄影类文章，内容丰富。此外，如果将问题发到后台，还可以获得专业人士解答。

通过官方手册学习

官方的相机手册中，往往提供了极为丰富和详细的相机说明，几乎所有相机相关的功能和参数，都能找到深入、详尽的数据，具有很强的说明性。

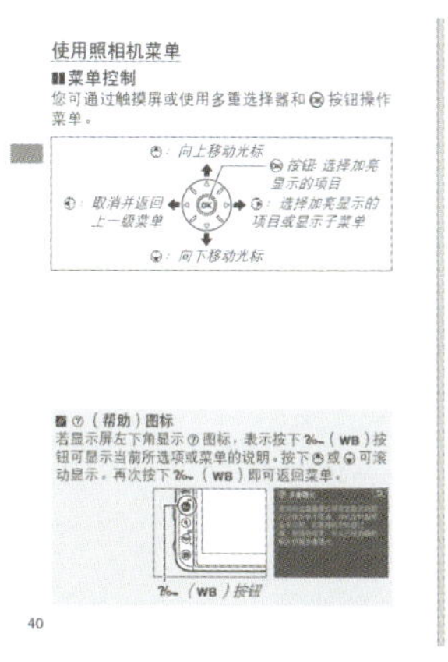

使用照相机菜单

菜单控制

您可通过触摸屏或使用多重选择器和 ⓞ 按钮操作菜单。

⑦（帮助）图标

若显示屏左下角显示 ⑦ 图标，表示按下 ⁈（WB）按钮可显示当前所选项或菜单的说明。按下 ▲ 或 ▼ 可滚动显示。再次按下 ⁈（WB）即可返回菜单。

40

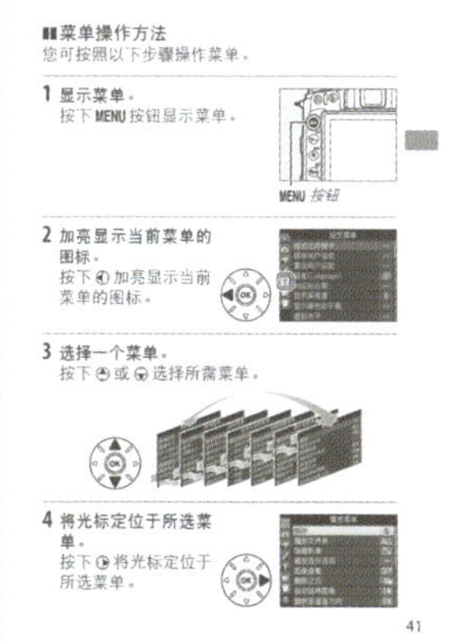

菜单操作方法

您可按照以下步骤操作菜单。

1 显示菜单。
按下 MENU 按钮显示菜单。

2 加亮显示当前菜单的图标。
按下 ◀ 加亮显示当前菜单的图标。

3 选择一个菜单。
按下 ▲ 或 ▼ 选择所需菜单。

4 将光标定位于所选菜单。
按下 ▶ 将光标定位于所选菜单。

41

使用镜头释放按钮更换镜头

使用单反相机的乐趣之一就是可以根据题材更换镜头，例如，拍摄风光时，可以更换成视野宽广的广角镜头；在拍摄人像时，可以更换成能够虚化背景的大光圈镜头；而在拍摄微距题材时，可以更换成展示其细节之美的微距镜头。所以，拆卸镜头与安装镜头的方法与技巧，是每一个摄影爱好者都需要学习的。

拆卸镜头

要拆卸镜头，首先应该一手握住机身，另一手托住镜头，然后按照下面所示的流程进行镜头更换操作。

按住镜头释放按钮

按箭头所示的方向旋转镜头

旋转至两个白点重合时，即可顺利取下镜头

在拆卸镜头前切记要关闭相机的电源，在拆卸镜头时，相机离地面的距离不要太高，应尽量在桌上、地面或垫在相机包上拆卸，这样当出现不小心将相机或镜头从手中掉落的情况时，也不至于摔坏相机或镜头。

更换微距镜头拍摄，得到了这张微距水珠照片

安装镜头

安装镜头与拆卸镜头的方法刚好相反，即机身和镜头上各有一个白点，在安装镜头时，将二者的白点对齐，垂直插入镜头，按顺时针方向扭动，直至听到“咔嗒”一声，即表示完成镜头安装。

D7500相机上的白色安装标志

安装与拆卸镜头的注意事项

需要注意的是，每换一次镜头，就会给传感器沾灰创造机会。

因此，在多沙、多尘的环境中拍摄时，如沙滩、沙漠或泥土地的马路边等，使用相机时尽量不要更换镜头，以免导致大量进灰。在水雾较重，如海边、瀑布旁边等地方也不建议更换镜头。

另外，建议养成卡口朝下更换镜头的习惯，这样可以减少传感器沾灰的风险。当更换好镜头重新启动相机后，可以开启相机的“清洁影像传感器”功能进行清洁，以保证感光组件的洁净。

当去往风沙较大的环境中拍摄时，最好携带变焦镜头或者多台相机，以避免出现需要换镜头拍摄的情况

使用信息编辑按钮快速设置拍摄参数

许多摄影爱好者都曾遇到过这样的情况，在碰到局域光、耶稣光照射的场景时，有时还没设置好参数进行拍摄，光线就消失了。这种因为设置相机的菜单或功能参数而错失拍摄时机的情况，对于摄影爱好者来说，是一件非常遗憾的事情。针对这种情况，最好的方法之一，就是熟悉使用相机的信息显示界面，学会设置常用参数，当熟练掌握操作后，可以加快操作速度。

认识相机的 *i* 按钮

尼康各个型号相机的机身背面都提供了 *i* 按钮，在开机的情况下，按下 info 按钮或 *i* 按钮可以在液晶显示屏中显示拍摄信息，然后按 *i* 按钮可以在液晶显示屏上进行设置常用拍摄参数，此时通过多重选择器选择信息显示中的不同图标，可以设定优化校准、对焦模式等操作。

两种形式的 *i*（信息编辑）按钮

使用液晶显示屏设置参数的方法

下面以 D7500 相机为例，详细讲解在液晶显示屏中设置参数的步骤。

❶ 在打开相机的情况下，按下info按钮开启液晶显示屏拍摄信息，然后按 *i* 按钮，进入常用设定列表。

❷ 按▲或▼方向键选择要设置的功能。

❸ 按OK按钮进入该功能的具体设置页面。

❹ 按▲或▼方向键可以选择不同的选项，然后按OK按钮即可确定更改并返回初始界面。

> 提示：D3200、D5200相机按一次 *i* 按钮，可以在液晶显示屏中查看拍摄信息，再次按下 *i* 按钮可以进入信息修改状态。

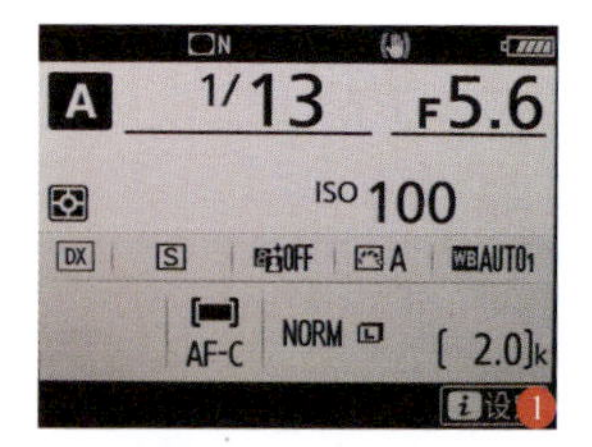

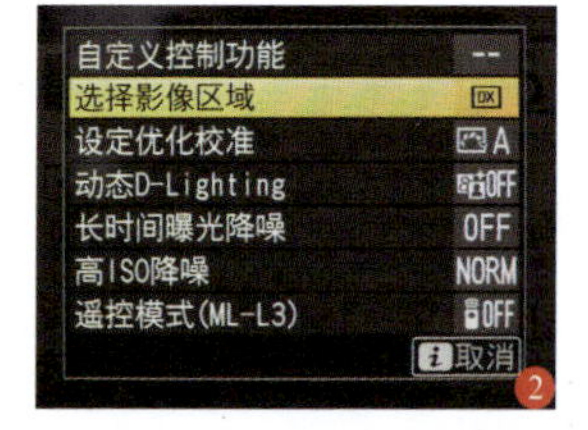

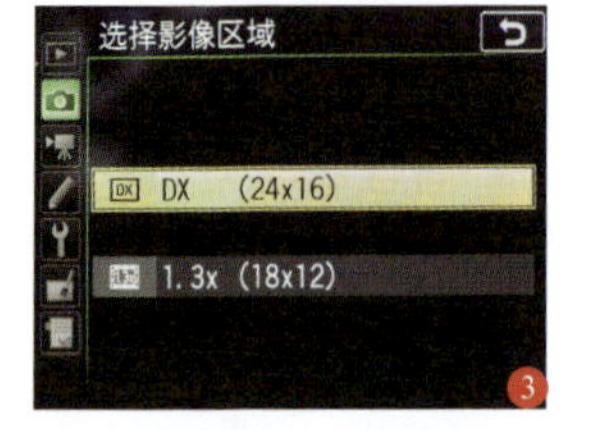

使用 MENU 按钮调控相机菜单

如果只掌握了相机机身的按钮，那么可能也只是使用了单反相机 50% 的功能，要更好地运用单反相机，一定要能够掌握菜单功能。

MENU按钮

按下机身背面的 MENU 按钮便可启动相机的菜单功能，一般包含播放菜单、拍摄菜单、自定义设定菜单、设定菜单、润饰菜单以及我的菜单 6 个菜单项目，熟练掌握与菜单相关的操作，可以帮助我们更快速、准确地进行参数设置。

下面举例介绍通过菜单设置参数的操作方法。

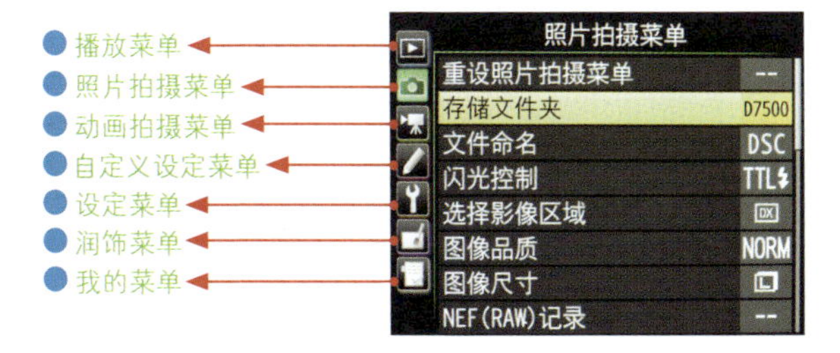

❶ 在开机的状态下，按 MENU 按钮开启菜单功能界面

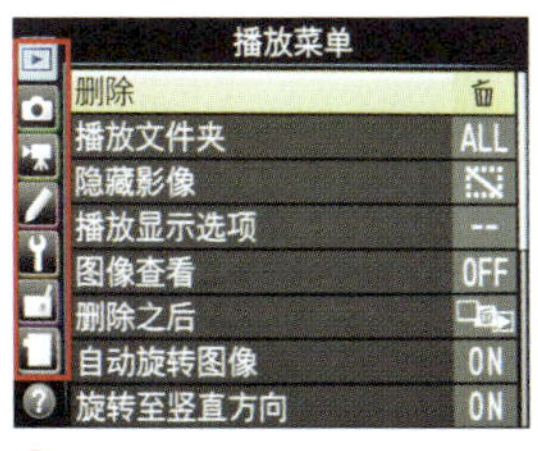

❷ 按◀方向键切换至左侧的图标栏，按▲或▼方向键选择设置页

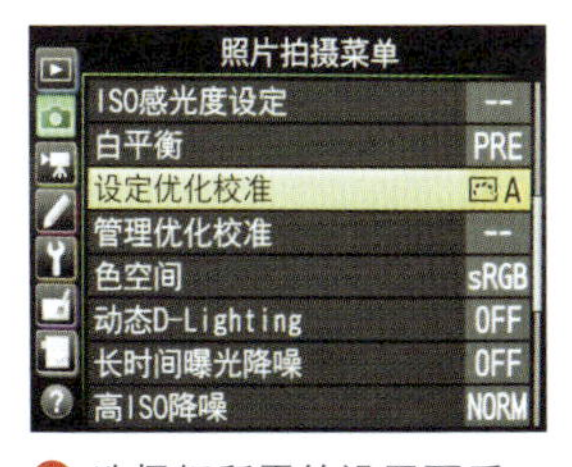

❸ 选择好所需的设置页后，按▶方向键切换至右侧的菜单项目栏，按▲或▼方向键选择要修改的菜单项目，然后按 OK 按钮确定

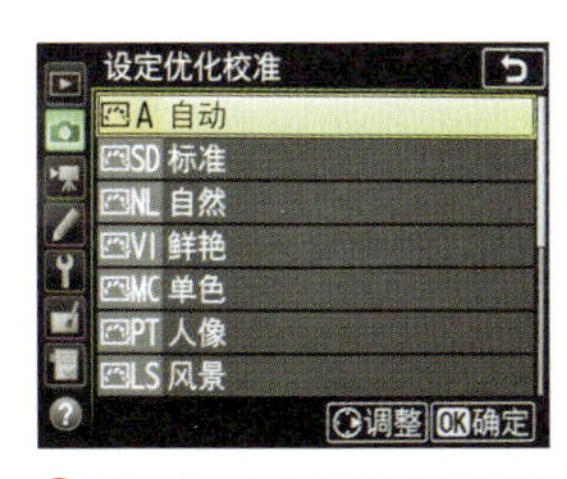

❹ 按▲或▼方向键选择所需的选项，然后按 OK 按钮确定

使用 INFO 按钮随时查看拍摄参数

拍摄过程中，通常要随时查看相机的拍摄参数，以确认当前拍摄参数是否符合拍摄场景。在相机开机状态下，按下 info 信息按钮即可在液晶显示屏上显示参数，再次按下此按钮，则关闭液晶显示屏显示参数。

INFO按钮

在即时取景拍摄或视频模式下，每次按下此按钮，可以切换显示不同的显示界面，便于用户在拍摄过程中，随时查看相关参数并作出调整。

在即时取景拍摄模式下，依次显示下列界面。

虚拟水平：画面中出现水平轴指示相机是否在前后左右方向均处于水平位置。当指示线变为绿色时，代表相机处于水平状态

信息显示开启：可以在液晶显示屏中显示比较详细的拍摄参数。可以查看对焦模式、白平衡模式、优化校准等设置

信息显示关闭：仅在底部显示基本拍摄信息，如快门速度、光圈、曝光值、感光度等简单信息

构图参照：将在液晶显示屏上显示辅助构图的网格线

在视频模式下，除了会依次显示上面所列举的四种界面外，还可以显示直方图界面，方便摄影师查看当前画面的曝光情况。

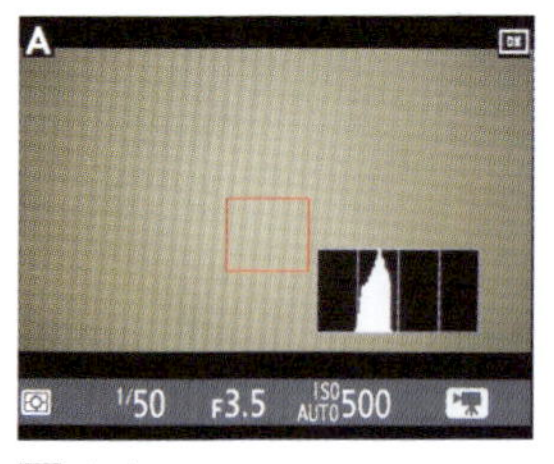

直方图

提示：入门型相机按照“显示照片指示→显示动画指示—隐藏指示→取景网格”的顺序显示。

使用播放按钮检视照片

拍照时，摄影师需要随时回放照片以检查照片是否清晰，对焦或构图是否满意，以免留下遗憾。

通过按下相机的播放按钮，便可以在液晶显示屏上回放所拍摄的照片。

播放按钮

播放照片时的基本操作

播放按钮用于回放刚刚拍摄的照片，在回放照片时，可以进行放大、缩小、显示信息、前翻、后翻及删除照片等多种操作，当再次按下播放按钮时，可返回拍摄状态。下面通过图示来说明回放照片的基本操作方法。

用索引形式显示播放以快速查找照片

如果已经拍摄了许多照片，可以用下面展示的操作方法，从众多照片中快速搜索出需要的照片。

❶ 按下▶按钮，液晶显示屏将显示一幅图像

❷ 按下Q⊞按钮

❸ 液晶显示屏中将同时显示4张照片

❹ 再次按下Q⊞按钮，液晶显示屏中将由显示4张照片改变为同时显示9张照片

❺ 按下▲▼◀▶方向键移动橙色框以选择图像

❻ 在索引显示中，按下OK按钮，所选的图像将切换成单张显示状态

设置照片显示模式

在回放照片时，按下▼或▲方向键会显示一些相关的参数，以方便我们了解照片的具体信息，例如，显示亮度直方图可以辅助判断照片的曝光是否准确。此外，还可以根据需要设置回放照片时是否显示对焦点、高光警告及RGB直方图等，这些信息对于判断照片是否在预定位置合焦、是否过曝至关重要。

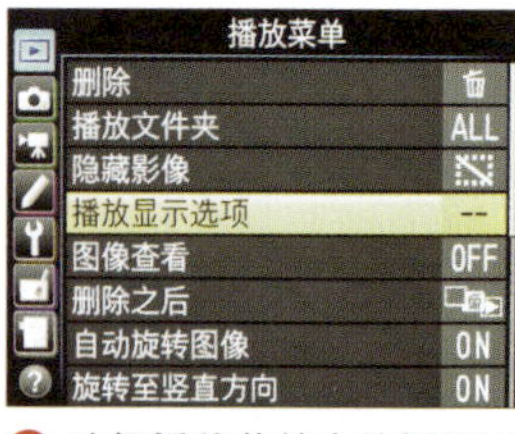

❶ 选择**播放**菜单中的**播放显示选项**选项

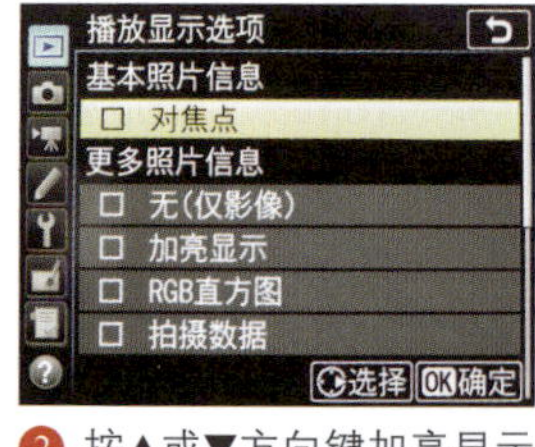

❷ 按▲或▼方向键加亮显示一个选项，然后按▶方向键添加勾选标志✔；若要取消选择，可将其选中并按▶方向键

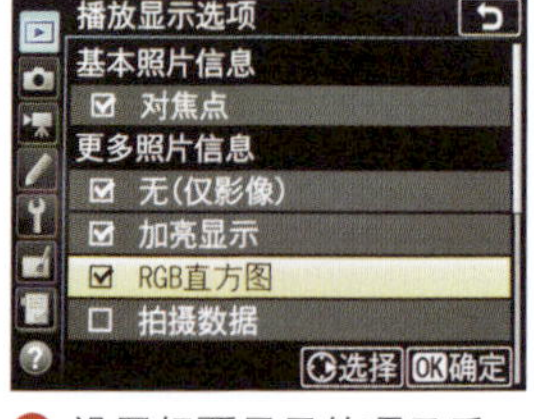

❸ 设置好要显示的项目后，按OK按钮确定

使用删除按钮删除照片

在拍摄照片之前，摄影爱好者最常做的事情便是整理存储卡空间，通过查看存储卡中的照片，然后选择性地删除照片，以清理出空间。而在拍摄过程中，在回放照片时，也常常使用删除按钮来删除一些效果不好的照片。

在回放状态下，按下删除按钮，液晶显示屏中显示图像删除菜单，选择“删除”选项并按下 OK 按钮确认，便可以删除当前选择的照片。

删除按钮

当同一场景拍摄了多张照片时，挑出构图好、曝光合适的保留，不好的照片用删除按钮删除即可

使用多重选择器选择和切换功能

在使用尼康相机拍摄时，不管是手动切换对焦点的位置，还是在光线复杂的环境中手动设置使白平衡偏移，又或者是即时取景拍摄时，移动对焦框的位置，这些操作都离不开多重选择器。

多重选择器主要用于选择或切换项目，如用来选择自动对焦点的位置、选择白平衡的偏移位置及在回放照片时，按◀▶方向键可以前后切换显示照片，按▲▼方向键可以切换显示照片的拍摄信息。

而在菜单、信息显示设置功能参数时，通过按下▲▼◀▶方向键选择项目，按下多重选择器中央的OK按钮便会确定所选项目。

多重选择器

拍摄人像照片时，一般都用多重选择器来选择对焦点的位置

使用指令拨盘快速设定光圈与快门

尼康单反相机的主指令拨盘与副指令拨盘分别位于相机的前/后方，在拍摄时只要用食指或大拇指轻轻地左右转动拨盘，便完成了更改设置的操作。

主指令拨盘

尼康中、高端相机有前后两个拨盘，而入门型相机只有一个指令拨盘。不管是一个拨盘还是两个拨盘的相机，其主要功能都是在 P、A、S、M 高级拍摄模式下，用于快速改变快门速度或光圈值。例如，在快门优先模式下，转动主指令拨盘可以设置快门速度值；在光圈优先模式下，转动副指令拨盘可以设置光圈值。

副指令拨盘

除了改变光圈与快门速度外，指令拨盘还可以与◉、☒、ϟ/☒ ISO、WB、QUAL、BKT 快捷键组合使用，当按住这些快捷键的同时转动主指令拨盘或副指令拨盘，便可以快速设置测光模式、曝光补偿、闪光模式、闪光补偿、感光度等功能的选项，从而节约了操作相机的时间。

在拍摄雪山时，通过按住曝光补偿按钮☒并转动主指令拨盘，增加一挡曝光补偿，还原出雪的洁白

使用对焦选择器锁定开关规避误操作

不少摄影爱好者有在拍摄过程中不小心碰到多重选择器，导致对焦点产生移位的情况，从而造成了画面主体对焦模糊的情况。利用对焦选择器锁定开关可以解决这个问题。

当摄影爱好者在利用多重选择器选择对焦点位置后，可以将对焦选择器锁定开关拨至L，这样对焦点位置便固定不变了，即使是在操作相机过程中，不小心按到多重选择器，也不会造成对焦点移位，当需要改变对焦点位置时，再将对焦选择器锁定开关拨至●，就能使用多重选择器选择对焦点了。

对焦选择器锁定开关

提示：D3400、D5500、D5600等入门型相机无此开关。

使用录制按钮录制视频

在拍摄体育比赛、舞台表演等活动时，时时刻刻都有精彩瞬间，只是拍摄照片并不能抓拍到每个画面，因而在这样的场合拍摄时，可使用相机的视频录制功能，录制下所有的精彩瞬间。

在尼康中、高端相机中，只要将即时取景选择器置于🎥图标位置，按下Lv按钮后反光板将升起，液晶显示屏中开始显示图像，然后按下录制按钮便开始录制视频，再次按下录制按钮则停止录制。

对于尼康中、高端相机而言，拨动即时取景选择器至🎥图标，按下Lv按钮使液晶显示屏显示图像，设定好拍摄参数后，按下顶面的红色录制按钮即可开始录制视频

对于尼康入门型相机而言，需按下相机背面的Lv按钮（D3400）或者向下拨动相机顶面的Lv切换杆（D5600），使液晶显示屏显示图像，然后按顶面的红色录制按钮即可开始录制视频

按快门按钮前的思考流程

快门按钮

在数码单反相机时代，摄影师没有了胶片成本的压力，拍摄照片的成本基本就是一点点电量和存储空间。因此，在按下快门拍摄前，往往少了深思熟虑，而在事后，却总是懊恼“当时要是那样拍就好了”。

所以，根据自己及教授学员的经验，笔者建议应该在按快门时“三思而后行”，不是出于拍摄成本方面的考虑，而是在拍摄前，建议初学者从相机设置、构图、用光及色彩表现等方面进行综合考量，这样不但可以提高拍摄的成功率，同时也有助于我们养成良好的拍摄习惯，提高自己的拍摄水平。

以下图所示俯视楼梯的图片为例，笔者总结了一些拍摄前应该着重注意的事项。

以俯视角度拍摄的楼梯照片，通过恰当的构图展现出其漂亮的螺旋状形态

该用什么拍摄模式

根据拍摄对象是静态或动态，可以视情况进行选择。拍摄静态对象时，可以使用光圈优先模式（A），以便于控制画面的景深；如果拍摄的是动态对象，则应该使用快门优先模式（S），并根据对象的运动速度设置恰当的快门速度。而对于手动曝光模式（M），通常是在环境中的光线较为固定，或对相机操控、曝光控制非常熟练的、有丰富经验的摄影师来使用。

模式拨盘

对这幅静态的建筑照片来说，适合用光圈优先模式（A）进行拍摄。由于环境较暗，应注意使用较高的感光度，以保证足够的快门速度。在景深方面，由于使用了广角，因此，能够保证足够的景深。

测光应该用什么？测光测哪里

在尼康相机中，主要提供了点测光、中央重点测光与矩阵测光 3 种模式，用户可以根据不同的测光需求进行选择。

对这幅照片来说，要把中间的光源作为照片的焦点来吸引眼球，中间的部分应该是曝光正常的，这时可以选择用中央重点测光或点测光模式，测光应该在画面中间的位置。

恰当的测光位置

用什么构图

现场有圆形楼梯，在俯视角度下，形成自然的螺旋形构图，拍摄时顺其自然采用该构图方式即可。

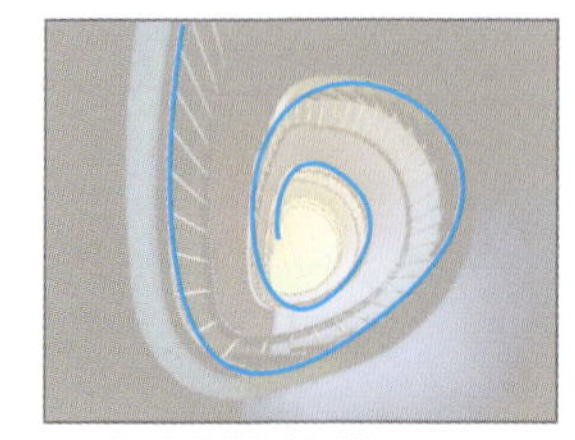

自然的螺旋形构图

光圈、快门、ISO 应该怎样设定

虽然身处的现场环境暗，但我们要正确曝光的地方有光源，所以，光线不太暗，因此，光圈不用放到最大，F4 左右就可以，而快门要留意是否达到安全快门，必要时可以提高 ISO 值。

以这张照片为例，拍摄时是使用 18mm 的广角焦距拍摄的，所以，即使使用 F4.5 的光圈值，也能保证楼梯前后都清晰，但是现场的光线又比较暗，为了达到 1/60s 这样一个保证画面不模糊的快门速度，因此，适当提高了感光度值，将 ISO 感光度设定为 ISO640。

对焦点应该在哪里

前面已经说明，在拍摄时使用了偏大的光圈。光圈大会令景深变浅，要令楼梯普遍清晰，此时可以把对焦点放在第二级的楼梯扶手上，而不是直接对焦在最低的楼梯上，这样可以确保对焦点前后的楼梯都是清晰的。

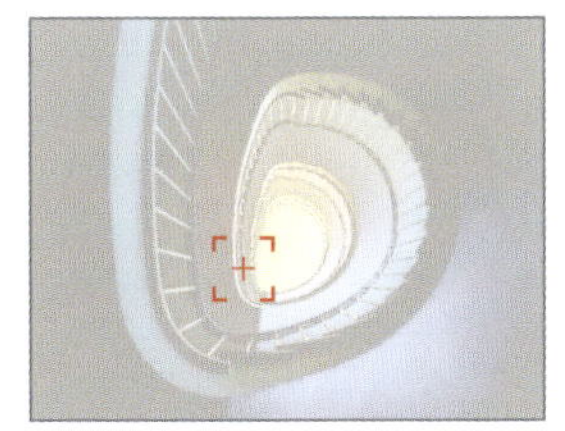

对第二级楼梯进行对焦

将对焦点放置在雪山上，并设置小光圈拍摄，使雪山清晰呈现

第2章

决定摄影成败的细节

摄影与射击的共性——稳定

摄影其实与射击在动作方面有不少相同之处。射击的注意事项主要有持枪姿势、瞄准和击发时的动作 3 个方面，射击时持枪人眼睛看向瞄准镜，左手端稳枪身，右手握紧枪把，两脚开度与肩同宽，必要时还要利用依托物来取得更好的射击效果。

射击的注意事项同样可以运用到拍摄中，在拍摄过程中，也需要注意持机姿势、对焦及拍摄时的动作 3 个方面。

一个好的拍摄姿势能提高照片拍摄的成功率，拍摄时两脚站立角度应与肩同宽，当使用长焦镜头或者在光线较暗的环境中拍摄时，还可以通过倚靠物体来提高相机的稳定感。

在取景时，眼睛通过取景器取景和构图，对焦与射击一样，拍摄静止的画面能获得好的精准度，拍摄运动画面则会使精确度降低。

在拍摄静止的画面时，一般选择一个对焦点对主体半按快门进行对焦，在半按快门对焦时需注意，除食指之外，其他手指不能动，用力不可过大，保持均匀呼吸，当对焦成功后，暂停呼吸，然后食指垂直地完全按下快门按钮完成拍摄，只有这样才可以确保相机处于稳定的状态，照片才可能清晰，细节才可能锐利。

这些照片收集于网络，虽然图中摄影师的拍摄姿势看起来很幽默、搞笑，但在实际中拍摄这样的场景时，他们的拍摄姿势是合适的

按快门的正确方法

快门的作用，即使是没有系地统学习过摄影的爱好者，相信也都知道，但许多摄影初学者在使用单反相机拍摄时，并不知道快门按钮的按法，常常是一下用力按到底，这样出来的照片基本上是不清晰的。

正确的操作方法如下三张图所示。

将手指放在快门上

半按下快门，此时将对画面中的景物进行自动对焦及测光

听到“嘀”的一声，即可完全按下快门，进行拍摄

需要注意的是，在半按快门对焦后，按下快门拍摄时力度要轻，否则就有可能使相机发生移动，也会使拍出的照片产生模糊。

如果在成功对焦之后，需要重新进行构图，此时应保持快门的半按状态，然后水平或垂直移动相机并透过取景器进行重新构图，满意后完全按下快门即可进行拍摄。

对着荷花对焦后，保持半按快门状态，向右平移相机进行构图，然后按下快门按钮拍摄，得到了这张黄金分割法构图的照片

在拍摄前应该检查的参数

对于刚入门的摄影爱好者来说，需要养成在每次拍摄前，查看相机各项设置的习惯。

尼康入门级相机（D3400、D5600 等）的拍摄参数主要是通过相机背面的液晶显示屏查看，在相机开机状态下，按下 Info 信息按钮开启液晶显示屏信息显示即可；尼康中、高端相机（D7500、D610、D810 等）可通过相机背面液晶显示屏和顶部的控制面板（肩屏）查看参数。

在了解如何查看参数后，那么，在拍摄前到底需要关注哪些参数呢？下面我们一一列举。

D7500液晶显示屏显示的参数

Nikon D7500控制面板（肩屏）显示的参数

文件格式和文件尺寸

拍摄时要根据自己所拍照片的用途选择相应的格式或尺寸。例如，在外出旅行拍摄时，如果是出于拍摄旅行纪念照的目的，可以将文件存储设置为尺寸比较小的 JPEG 文件，避免设置成大容量的 RAW 格式，而造成存储卡空间不足的情况出现。

如果拍摄过程中遇到难得的场景，那么就要及时地将文件格式设定为 RAW 格式，避免出现花大量心思所拍摄的作品，最后因存储成小尺寸的 JPEG 文件而无法进行深度后期处理的情况出现。

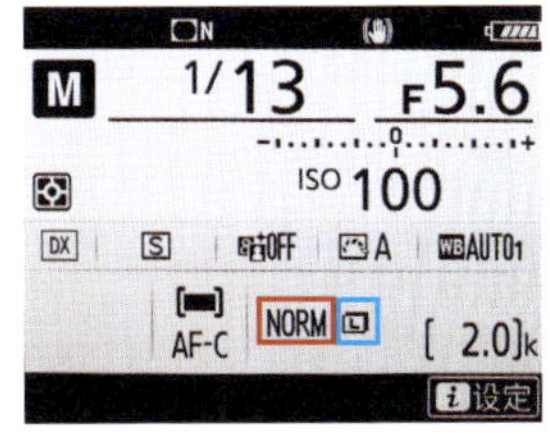

红框中为相机当前的文件格式，蓝框中为相机当前的文件尺寸

拍摄模式

P、A、S、M 四种模式是拍摄时常用的模式，在拍摄前要检查一下相机的曝光模式，根据所拍摄的题材、作品的风格、个人习惯而选择相应的拍摄模式。

检查模式转盘所选择的拍摄模式

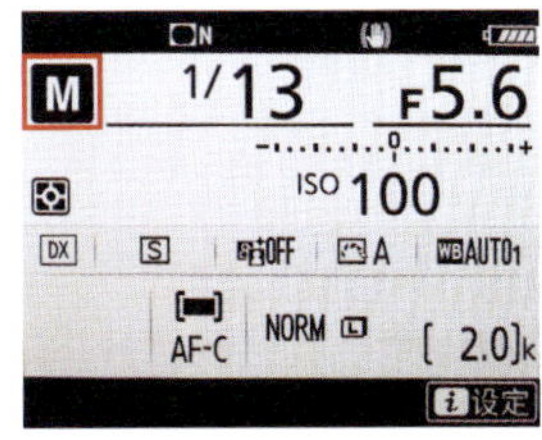

红框中为相机当前的拍摄模式

光圈和快门速度

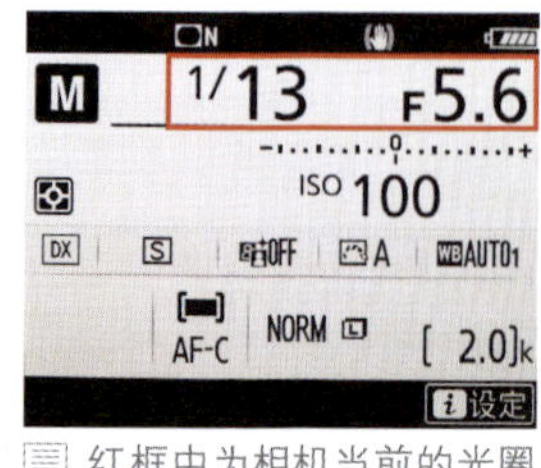

红框中为相机当前的光圈和快门速度

在拍摄每一张照片之前，都需要注意当前的光圈与快门速度组合是否符合拍摄要求。如果前一张是使用小光圈拍摄大景深的风景照片，而当前想拍摄背景虚化的小景深花卉照片，那么就需要及时改变光圈和快门速度组合。

此外，如果使用M全手动模式在光线不固定的环境中拍摄时，每次拍摄前都要观察相机的曝光标尺位置是否处于曝光不足或曝光过度的状态，如果有，需要调整光圈与快门速度的曝光组合使画面曝光正常。

感光度

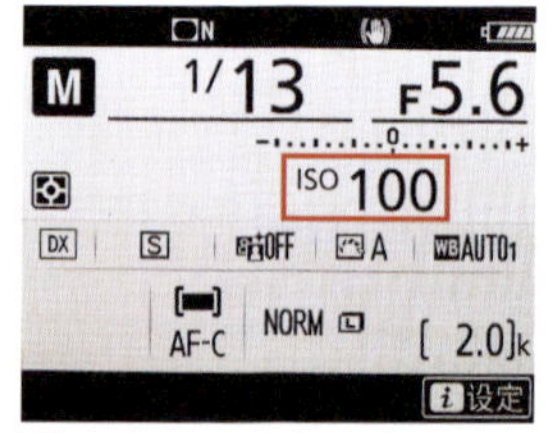

红框中为相机当前的感光度值

相机的可用感光度范围越来越广，在暗处拍摄时，可以把感光度设置到ISO3200及以上，在亮处拍摄时也可以把感光度设置到ISO100。

但是初学者很容易犯一个错误，那就是当从亮处转到暗处，或从暗处转到亮处拍摄时，常常忘了及时调整感光度数值，还是用的之前设定的感光度值，使拍摄出的照片出现曝光过度、曝光不足或者是噪点较多等问题。

曝光补偿

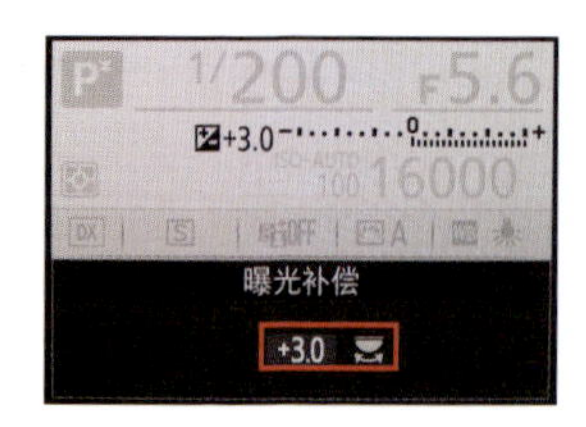

红框中为相机当前的曝光补偿值

曝光补偿是改变照片明暗的方法之一，但是在拍完一个场景之后就需要及时调整归零，否则所拍摄的所有照片会一直是延用当前曝光补偿设置，从而导致拍摄出来的照片过亮或过暗。

白平衡模式

大多数情况下，设置为自动白平衡模式即可还原出比较正常的色彩，但有时候为了使照片色彩偏“暖”或偏“冷”，可能会切换到“阴天”或“荧光灯”白平衡模式。那么，在拍摄前就需要查看一下相机当前的白平衡模式，是否处于常用的模式或符合当前的拍摄环境。

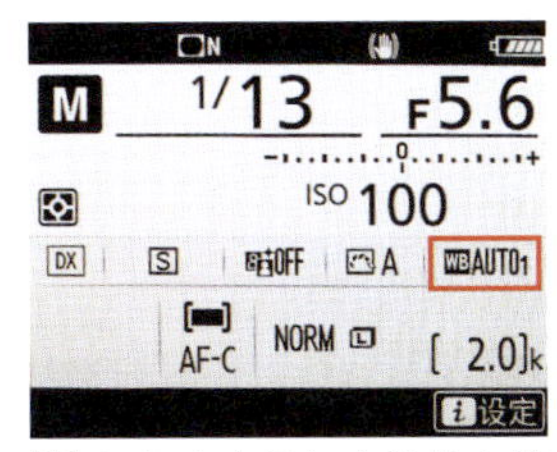

红框中为相机当前的白平衡模式

对焦及自动对焦区域模式

尼康相机提供有 3 种自动对焦模式，其中的中高端相机还提供有多种对焦区域模式，在拍摄之前都需要根据题材设置相应的模式，如拍摄花卉，那么选择单次伺服自动对焦模式及单点对焦区域模式比较合适；如抓拍儿童，则选择连续伺服自动对焦模式及动态区域自动对焦区域模式比较合适。

因此，如果无法准确捕捉被拍摄对象，可以首先检查对焦模式或对焦区域模式。

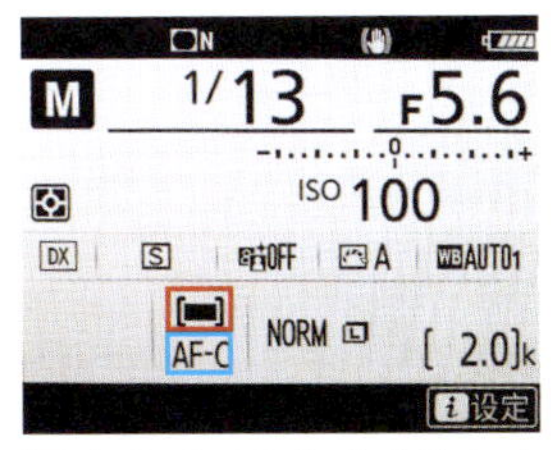

红框中为相机当前的自动对焦区域模式；蓝框中为相机当前的自动对焦模式

测光模式

尼康相机提供了矩阵测光、中央重点测光、点测光 3 种测光模式，不同的测光模式适合不同的光线环境。因此，在拍摄时要根据当前的拍摄环境及要表现的曝光风格，及时地切换相应的测光模式。

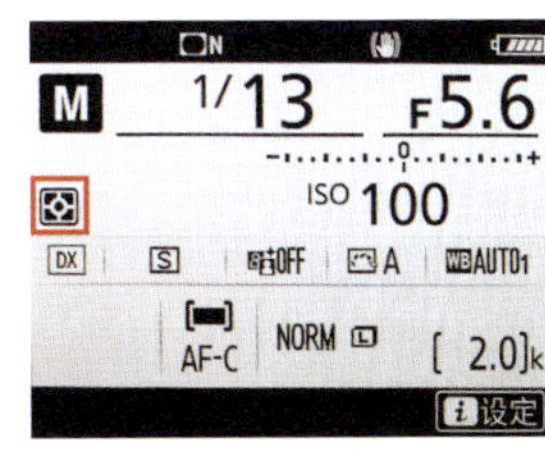

红框中为相机当前的测光模式

针对天空较亮的区域进行测光，使天空落日余晖得到了很好的表现，而前景处的栈桥形成剪影效果，画面非常有美感

常见参数选项图标

在查看上述拍摄参数时，摄影爱好者要懂得液晶显示屏上所显示的各种符号所代表的含义。下图中列出了 D7500 信息显示中各参数图标所表示的含义。

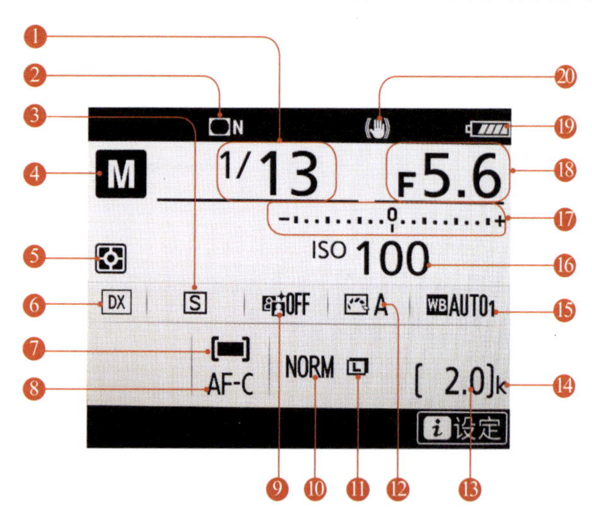

❶ 快门速度值
❷ 暗角控制
❸ 释放模式
❹ 拍摄模式
❺ 测光模式
❻ 影像区域
❼ 自动对焦区域模式
❽ 自动对焦模式
❾ 动态D-Lighting
❿ 图像品质
⓫ 图像尺寸
⓬ 优化校准
⓭ 剩余可拍摄张数/定时录制指示
⓮ “K”（当剩余存储空间足够拍摄1000张以上时出现）
⓯ 白平衡/白平衡微调指示
⓰ ISO感光度
⓱ 曝光指示/曝光补偿指示
⓲ 光圈值（F值）
⓳ 相机电池电量
⓴ 减震指示

辩证使用 RAW 格式保存照片

摄影初学者们常常听摄影高手们讲，存储照片的格式要使用 RAW 格式，这样方便做后期调整。

RAW 格式的照片是由 CCD 或 CMOS 图像感应器将捕捉到的光源信号转化为数字信号的原始数据。正因如此，在对 RAW 格式的照片进行后期处理时，才能够随意修改原本由相机内部处理器设置的参数选项，如白平衡、色温、优化校准等。

需要注意的是，RAW 格式只是原始照片文件的一个统称，各厂商的 RAW 格式有不同的扩展名，例如，佳能 RAW 格式文件的扩展名为 .CR2，而尼康 RAW 格式文件的扩展名则是 .NEF。

通过对比右侧表格中 JPEG 格式照片与 RAW 格式照片的区别，读者能够更加深入地理解RAW格式照片的优点。

另外，由于 RAW 格式照片文件较大，当存储卡容量有限时，也适宜于将照片以 JPEG 格式进行保存。

RAW格式	JPEG格式
文件未压缩，有足够的后期调整空间	文件被压缩，文后期调整空间有限
照片文件很大，需要存储容量大的存储卡	照片文件较小，相同容量的存储卡可以存储更多的照片
需要专用的软件打开（Digital Photo Professional 或 Camera Raw 软件）	任何一种看图软件均可打开
可以随意修改照片的亮度、饱和度、锐度、白平衡、曝光等参数选项	以设置好的各项参数存储照片，后期不可随意修改
后期调整后不会损失画质	后期调整后画质降低

右侧上图是使用RAW格式拍摄的原图，下图是后期调整过的效果，两者的差别非常明显

保证足够的电量与存储空间

检查电池电量级别

如果要外出进行长时间拍摄，一定要在出发前检查电池电量级别或是否携带了备用电池，尤其是前往寒冷地域拍摄时，电池的电量会下降很快，因此需要特别注意这个问题。

在光学取景器、液晶显示屏及控制面板中，都有电量显示图标，电量显示图标的状态不同，表示电池的电量也不同，在拍摄时，应随时查看电池电量图标的显示状态，以免错失拍摄良机。

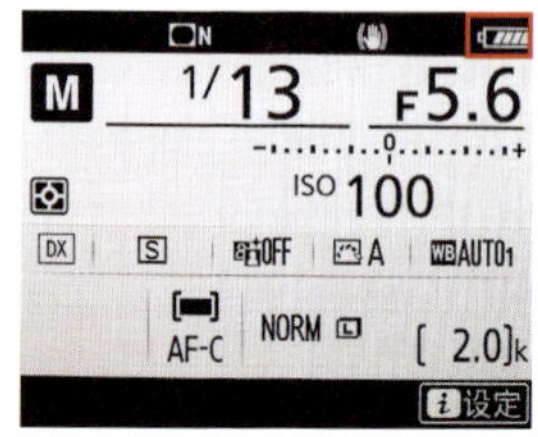

液晶显示屏中的电池电量显示图标

控制面板	取景器	说明
	—	电池电量充足
	—	电池带有部分电量
	—	
	—	
		电池电量过低。需要更换电池或为电池充电
（闪烁）	（闪烁）	已无法按下快门按钮拍摄。需要更换电池或为电池充电

检查存储卡剩余空间

检查存储卡剩余空间也是一项很重要的工作，尤其是外出拍摄鸟儿或动物等题材时，通常要采用连拍方式，此时存储卡空间会迅速减少。

尼康中的高端相机可以在液晶显示屏及控制面板中显示当前设定下可拍摄的照片数量；入门型相机则在液晶显示屏能查看在当前设定下可拍摄的照片数量。

除此之外，所有相机都可以通过光学取景器查看当前存储卡的剩余可拍摄数量。

在控制面板中，红框中的数字表示目前可拍摄的照片数量

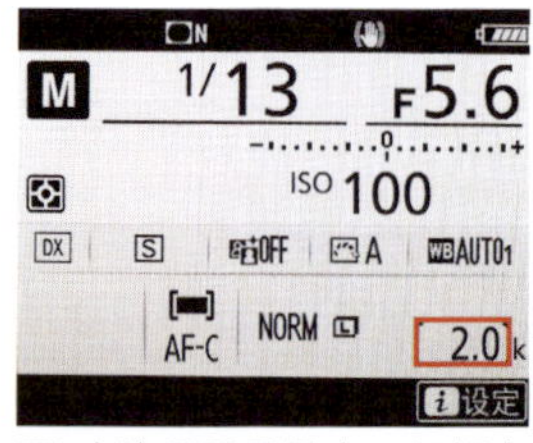

在液晶显示屏中，红框中的数字表示目前可拍摄的照片数量

第3章

合理使用不同的拍摄模式

从自动挡开始也无妨

对于摄影初学者来说，还不能娴熟地调整曝光参数，可以先学习构图、按快门按钮的技巧。对于构图、按快门按钮而言，用什么样的拍摄模式并不重要，因此，可以从自动挡开始进行练习。在使用全自动模式拍摄时，全部参数均由相机自动设定，简化了拍摄过程，降低了拍摄难度。

尼康相机提供了 2 种全自动模式，即全自动模式AUTO和全自动（禁止使用闪光灯）模式。

全自动模式 AUTO

全自动模式在尼康相机的模式转盘上显示为AUTO。采用全自动模式拍摄时，相机将自动分析场景并设定最佳拍摄参数。

适合拍摄： 所有拍摄场景。

优　　点： 曝光和其他相关参数由相机按预定程序自主控制，可以快速进入拍摄状态，操作简单，可满足家庭用户的日常拍摄需求。闪光灯将在光线不足的情况下自动被开启。

特别注意： 用户可调整的空间很小，对提高摄影水平帮助不大。

全自动模式图标

旅途路上的风景，用全自动模式也可以拍摄出效果不错的照片

全自动（禁止使用闪光灯）模式 ⊛

在一些特殊的场合或对一些特殊的对象进行拍摄时，不能开启闪光灯，例如，在某些博物馆、寺庙中拍摄时；在拍摄婴儿时，由于闪光灯会对婴儿的眼睛造成伤害，所以，也应选择禁止使用闪光灯模式。这种拍摄模式在尼康相机的模式转盘上显示为⊛。

禁止使用闪光灯模式图标

适合拍摄：	所有现场光中的对象。
优　　点：	除关闭闪光灯外，其他方面与全自动模式完全相同。
特别注意：	如果需要使用闪光灯，一定要切换至其他支持此功能的模式。

需要注意的是，拍摄儿童时，适合使用禁止使用闪光灯模式拍摄

使用场景模式快速“出片”

在日常拍摄中，每次拍摄的场景可能都是不同的，虽然自动挡模式是一种智能化的拍摄模式，但也不是所有的拍摄场景都能取得好的拍摄效果，此时，可以使用场景模式来拍摄。

场景模式图标

在场景模式下，相机会针对拍摄题材对拍摄参数进行优化组合，因而可以得到更好的拍摄效果，如拍摄人像，就可以选择人像模式，这样拍摄出来的人物皮肤会更显白皙。

尼康除 D810、D850 这样的专业级全画幅相机没有提供场景模式外，其他型号的相机均提供了场景模式。大部分相机提供了人像模式、风景模式、儿童照模式、运动模式、近摄模式、夜间人像模式、夜景模式、宴会 / 室内模式、海滩 / 雪景模式、日落模式、黄昏 / 黎明模式、宠物像模式、烛光模式、花模式、秋色模式、食物模式 16 种场景模式。

使用时只需要把相机的模式转盘转到SCENE位置，然后在液晶显示屏中选择相应的场景模式即可。使用带触摸屏尼康相机时，可以在液晶显示屏中直接点击拍摄模式图标，在显示的界面中，轻点◀或▶图标可显示不同的选项，然后轻触一个模式图标即可选择该模式。

按下模式拨盘锁定解除按钮并同时转动模式拨盘，使SCENE图标对应右侧白线标志处，即为场景模式。在场景模式下，转动主指令拨盘则可以选择不同的场景模式

使用人像场景模式拍摄的照片，并选择了温馨效果，使画面色调偏暖色

提示：D3300、D3400有相机人像模式、风景模式、儿童照模式、运动模式、近摄模式、夜间人像模式6种模式，拍摄时直接转动模式拨盘选择相应的图标即可。

人像模式

使用此场景模式拍摄时，将在当前最大光圈的基础上进行一定的收缩，以保证获得较高的成像质量，并使人物的脸部更加柔美，背景呈漂亮的虚化效果。在光线较弱的情况下，相机会自动开启闪光灯进行补光。按住快门不放即可进行连拍，以保证在拍摄运动中的人像时，也可以成功地拍下运动的瞬间。在开启闪光灯的情况下，使用此场景模式无法进行连拍。

适合拍摄：	人像及希望虚化背景的对象。
优　　点：	能拍摄出层次丰富、肤色柔滑的人像照片，而且能够尽量虚化背景，以便突出主体。
特别注意：	当拍摄风景中的人物时，色彩可能较柔和。

50mm F1.8 1/1000s ISO200

风景模式

使用风景模式可以在白天拍摄出色彩艳丽的风景照片，为了保证获得足够大的景深，在拍摄时相机会自动缩小光圈。在此模式下，闪光灯将被强制关闭，如果是在较暗的环境中拍摄风景，可以选择夜景模式。

适合拍摄：	景深较大的风景、建筑等。
优　　点：	色彩鲜明、锐度较高。
特别注意：	即使在光线不足的情况下，闪光灯也一直保持关闭状态。

18mm F22 1/2s ISO100

运动模式

使用运动模式拍摄时，相机将使用高速快门以确保拍摄的动态对象能够清晰成像，该模式特别适合凝固运动对象的瞬间动作。

适合拍摄：	运动对象。
优　　点：	方便进行运动摄影，凝固瞬间动作。
特别注意：	当光线不足时会自动提高感光度数值，画面可能会出现较明显的噪点；如果必须使用慢速快门，则应该选择其他曝光模式进行拍摄。

200mm F5.6 1/640s ISO200

儿童照模式

可以将儿童照模式理解为人像模式的特别版，即根据儿童在着装色彩上较为鲜艳的特点进行色彩校正，并保留皮肤的自然色彩。

适合拍摄：	儿童或色彩较鲜艳的对象。
优　　点：	即使在下雪天等不太利于表现色彩的环境中，使用儿童照模式也能拍到不错的色彩，同时采用了人像模式中比最大光圈略低一挡的光圈设定，能够得到很好的背景虚化效果。
特别注意：	在拍摄低色调的照片时，色彩可能会显得过于浓重。

35mm F5.6 1/320s ISO200

近摄模式

近摄模式适合拍摄花卉、静物、昆虫等微小物体。在该模式下，拍摄到的主体更大，清晰度也会更高，明显比使用全自动模式拍摄的效果好。

在拍摄时，如果使用的是变焦镜头，应调至最长焦端，这样能使拍摄到的主体在画面中显得更大。另外，在选择背景时，应尽量让背景保持简洁，这样可以使主体更加突出。如果相机识别到现场的光照条件较差，会自动开启闪光灯。

105mm F5 1/800s ISO400

适合拍摄：	微小主体，如花卉、昆虫等。
优　　点：	方便进行微距摄影，色彩鲜艳、锐度较高。
特别注意：	如果要使用小光圈获得大景深，则需要使用其他拍摄模式。

夜间人像模式

虽然名为夜间人像模式，但实际上，只要是在光线比较暗的情况下拍摄人像，都可以使用此场景模式。选择此模式后，相机会自动打开内置闪光灯，以保证人物获得充分的曝光，同时，该模式还兼顾了人物以外的环境，即开启慢速闪光同步功能，在闪光灯照亮人物的同时，慢速快门也能使画面的背景获得充足的曝光。

50mm F2.8 1/160s ISO100

夜景模式

夜景模式适合拍摄夜间的风景，为了保证获得足够大的景深，通常会使用较小的光圈，此时并不会弹出闪光灯进行补光，因此，使用该模式拍摄时需要使用三脚架，以保证相机的稳定。

海滩/雪景模式

海滩/雪景模式适合拍摄阳光下的水面、雪地、沙滩等场景。在此模式下，内置闪光灯和AF辅助照明器将被关闭。

日落模式

使用日落模式可以拍摄日落前或日出后的风景，以表现温暖的深色调，由于光线比较暗，因此，需要使用三脚架稳定相机。

黄昏/黎明模式

黄昏/黎明模式适合拍摄黄昏或黎明时的风光照片，同样，由于场景光线比较暗淡，需要使用三脚架。

宴会/室内模式

宴会/室内模式适合拍摄室内照明环境中的对象，例如，聚会和其他室内场景。

宠物像模式

宠物像模式适合拍摄活泼的宠物。开启此模式后，AF辅助照明器将被关闭。

花模式

花模式对色彩进行了优化设置，以保证拍摄到的照片色彩比较鲜艳，适合拍摄红、绿、蓝、粉等色彩的花卉。

秋色模式

秋色模式适合表现秋天常见的红色和黄色。

烛光模式

烛光模式适合在烛光下拍摄。为了不破坏现场气氛，内置闪光灯将被自动关闭；拍摄时推荐使用三脚架，以避免由于光线不足而导致画面模糊。

食物模式

食物模式适合拍摄逼真的食物照片。为了追求高画质，推荐使用三脚架以避免画面模糊。拍摄时还可以使用闪光灯，以增加食物的光泽度。

利用特殊效果模式拍出个性照片

尼康单反相机除了提供适合各种拍摄场景的场景模式外，还提供了特效效果模式。使用这种拍摄模式拍摄时，拍出的照片具有类似于经过数码后期处理而得到的特效效果，可以让摄影爱好者体验到个性化拍摄所带来的乐趣。根据所选择的模式不同，可得到彩色素描、模型效果、剪影、高色调、低色调等效果的照片。下面以D7500相机为例，详细讲解一下其所提供的特殊效果模式。

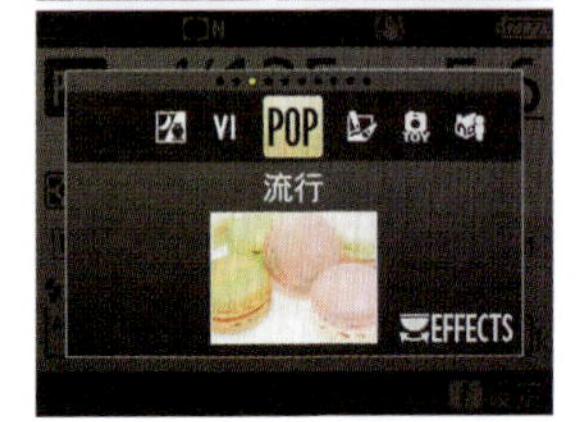

按下模式拨盘锁定解除按钮并同时转动模式拨盘，使EFFECTS图标对应右侧白线标志处，即为特殊效果模式。在此模式下，转动主指令拨盘则可以选择不同的特殊效果模式

夜视

夜视模式适合在黑暗环境中以高ISO感光度记录单色图像（图像中将带有一些噪点，如不规则间距明亮像素、雾像或条纹）。

如果拍摄时相机无法实现自动对焦，可使用手动对焦模式进行手动对焦。此时，内置闪光灯和AF辅助照明器会被关闭，由于曝光时间较长，因此，推荐使用三脚架以避免画面模糊。

提示：D610、D800、D850相机未提供特殊效果模式。

流行效果 POP

流行效果模式是通过增加整体饱和度以获取更加栩栩如生的图像。适合拍摄美食、静物和人像。

特别鲜艳效果 VI

特别鲜艳效果模式是通过增加画面的整体饱和度和对比度以获取更加鲜艳悦目的图像，适合拍摄花卉、风光。

照片说明效果

照片说明效果模式是通过锐化轮廓并简化色彩以获取可在实时取景中进行调整的海报效果。在该模式下拍摄的动画在播放时如同由一系列静止照片组成的幻灯片。

模型效果

使用此模式拍摄时，可使远距离的拍摄对象呈现出模型效果。摄影爱好者可以通过即时取景，来选择清晰对焦区域的方向及宽度。

玩具照相机效果

使用此模式拍摄时，能够创建四角暗淡且色彩鲜明的玩具相机照片效果。

高色调

使用此模式拍摄时，可将明亮光线下的场景表现为色彩明快的高色调。

可选颜色

使用此模式拍摄时，可以将想强调的颜色之外的图像以黑白形式表现出来。可以通过即时取景来选择要保留的颜色，最多可选择 3 种颜色。

剪影

使用此模式拍摄时，可将明亮背景下的拍摄对象表现为剪影轮廓效果。

低色调

使用此模式拍摄时，可将暗淡光线下的场景表现为色彩低沉的暗调。

控制背景虚化用 A 挡

许多开始学习摄影的爱好者，提出的第一个问题就是如何拍摄出人像清晰、背景模糊的照片。其实这种效果，使用光圈优先模式便可以拍摄出来，切换 A 挡方法如右图所示。

在光圈优先曝光模式下，相机会根据当前设置的光圈大小自动计算出合适的快门速度。

在同样的拍摄距离下，光圈越大，则景深越小，即画面中的前景、背景的虚化效果就越好；反之，光圈越小，则景深越大，即画面中的前景、背景的清晰度就越高。总结成口诀就是“大光圈景浅，完美虚背景，小光圈景深，远近都清楚”。

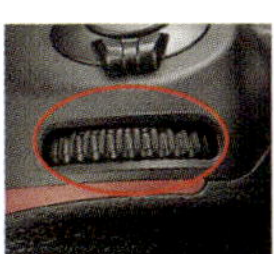

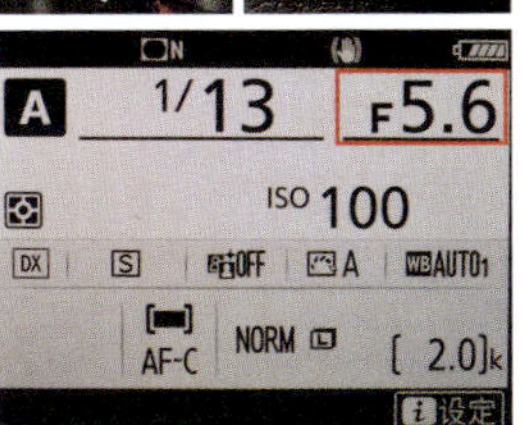

按下模式拨盘锁定解除按钮并同时转动模式拨盘，使A图标对应右侧白线标志处，即为光圈优先曝光模式。在A模式下，可通过旋转副指令拨盘调整光圈值。对于入门型相机而言，则转动指令拨盘调整光圈值

使用光圈优先曝光模式并配合大光圈的运用，可以得到非常漂亮的背景虚化效果，这是人像摄影中很常见的一种表现形式

使用小光圈拍摄的自然风光，画面有足够大的景深，使前后景都清晰

定格瞬间动作用 S 挡

足球场上的精彩瞬间、飞翔在空中的鸟儿、海浪拍岸所溅起的水花等场景都需要使用高速快门抓拍，而在拍摄这样的题材时，摄影爱好者应首先想到使用快门优先模式，切换S挡方法如右图所示。

在快门优先模式下，摄影师可以转动主指令转盘从30~1/8000s（APS-C画幅相机为30~1/4000s）之间选择所需快门速度，然后相机会自动计算光圈的大小，以获得正确的曝光组合。

初学者可以用口诀“快门凝瞬间，慢门显动感”来记忆，即设定较高的快门速度可以凝固动作或者移动的主体；设定较低的快门速度可以形成模糊效果，从而产生动感。

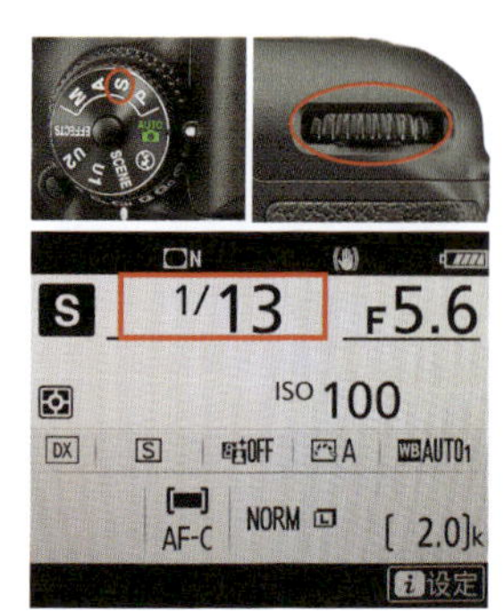

按下模式拨盘锁定解除按钮并同时转动模式拨盘，使S图标对应右侧白线标志处，即为快门优先曝光模式。在S模式下，可通过旋转主指令拨盘调整快门速度值。对于入门型相机而言，则转动指令拨盘调整快门速度值

200mm F4 1/1600s ISO400

使用快门优先曝光模式设置为高速快门拍摄，抓拍到了摩托车手驾驶摩托腾空的精彩瞬间

28mm F20 5s ISO50

使用快门优先曝光模式设置为低速快门拍摄，使水流呈现为乳状效果

匆忙抓拍用 P 挡

在拍摄街头抓拍、纪实或新闻等题材时，最适合使用 P 挡程序自动模式，此模式的最大优点是操作简单、快捷，适合拍摄快照或不用十分注重曝光控制的场景，切换 P 挡方法如右图所示。

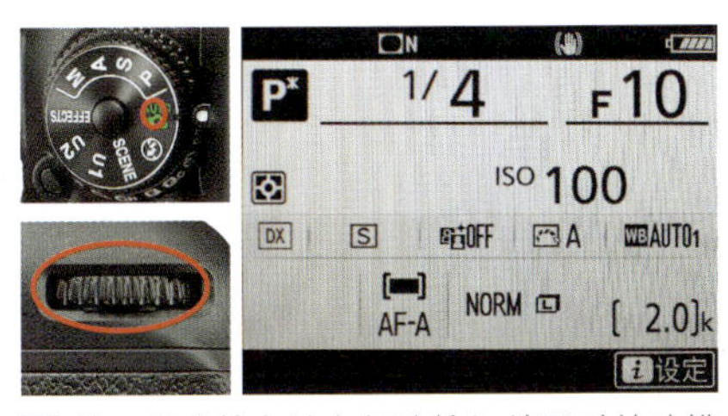

按下模式拨盘锁定解除按钮并同时转动模式拨盘，使P图标对应右侧白线标志处，即为程序自动曝光模式。在P模式下，通过旋转主指令拨盘可选择快门速度和光圈的不同组合。对于入门型相机而言，则转动指令拨盘调整曝光组合

在此拍摄模式下，相机会自动选择一种适合手持拍摄并且不受相机抖动影响的快门速度，同时还会调整光圈以得到合适的景深，以确保所有景物都能清晰呈现。摄影师可以设置 ISO 感光度、白平衡、曝光补偿等其他参数。

使用程序自动曝光模式可方便进行抓拍

18mm F10 1/100s ISO100

自由控制曝光用 M 挡

全手动曝光模式的优点

相对于前面的曝光模式，初学者问得较多的问题是："P、A、S、M这4种模式，哪个模式好用，比较容易上手？"而专业摄影大师们往往推荐M模式，其实这4种模式并没有好用与不好用之分，只不过P、A、S这3种模式，都是由相机控制部分曝光参数，摄影师可以手动设置其他一些参数，而在全手动曝光模式下，所有的曝光参数都可以由摄影师手动进行设置，因而比较符合专业摄影大师们的习惯。具体说来使用M模式拍摄还具有以下优点：

❶ 使用M挡全手动曝光模式拍摄时，当摄影师设置好恰当的光圈、快门速度数值后，即使移动镜头进行再次构图，光圈与快门速度的数值也不会发生变化。

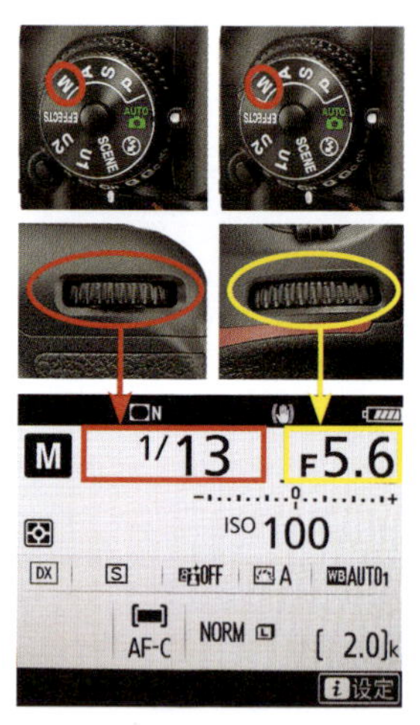

按下模式拨盘锁定解除按钮并同时转动模式拨盘，使M图标对应右侧白线标志处，即为全手动曝光模式。在M模式下，旋转主指令拨盘可调整快门速度值；旋转副指令拨盘可调整光圈值。在使用入门型相机时，转动指令拨盘调节快门速度值，按住光圈/曝光补偿按钮 ☒（⊛），然后转动指令拨盘调整光圈值

在影棚中拍摄时，光线固定，使用M挡全手动曝光模式设置好曝光组合，后续的拍摄便不需要调整曝光组合，只注重构图、模特的表情方面即可

② 使用其他曝光模式拍摄时，往往需要根据场景的亮度，在测光后进行曝光补偿操作；而在 M 挡全手动曝光模式下，由于光圈与快门速度值都是由摄影师设定的，因此，设定的同时就可以将曝光补偿考虑在内，从而省略了曝光补偿的设置过程。因此，在全手动曝光模式下，摄影师可以按自己的想法让影像曝光不足，以使照片显得较暗，给人忧伤的感觉，或者让影像稍微过曝，拍摄出明快的高调照片。

③ 当在摄影棚拍摄并使用了频闪灯或外置非专用闪光灯时，由于无法使用相机的测光系统，而需要使用测光表或通过手动计算来确定正确的曝光值，此时就需要手动设置光圈和快门速度，从而实现正确的曝光。

在使用棚拍闪光灯对人物布光时，需要使用M挡手动曝光模式来拍摄

判断曝光状况的方法

在使用M模式拍摄时，为避免出现曝光不足或曝光过度的问题，摄影师可通过观察液晶显示屏、控制面板或取景器中的曝光量指示标尺的情况来判断是否需要修改当前的曝光参数组合，以及应该如何修改当前的曝光参数组合。

判断的依据就是当前曝光量标志游标的位置，当其位于标准曝光量标志的位置时，就能获得相对准确的曝光，如下方中间的图所示。

需要特别指出的是，如果希望拍出曝光不足的低调照片或曝光过度的高调照片，则需要通过调整光圈与快门速度，使当前曝光量游标处于正常曝光量标志的左侧或右侧，标志越向左侧偏移，曝光不足程度越高，照片越暗，如下方左侧的图所示。反之，如果当前曝光量标志在正常曝光量标志的右侧，则当前照片处于曝光过度状态，且标志越向右侧偏移，曝光过度程度越高，照片越亮，如下方右侧的图所示。

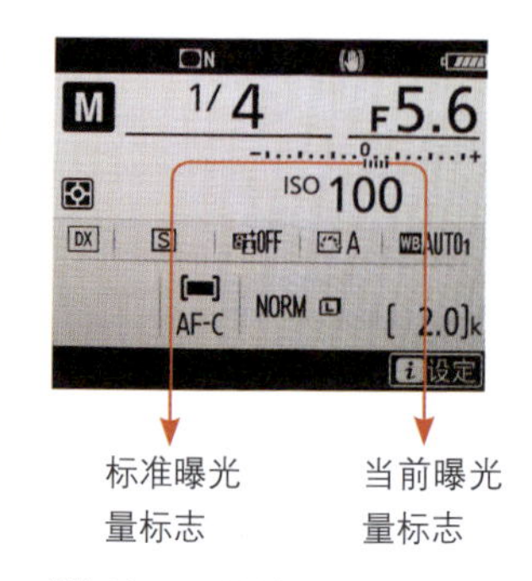

使用M挡拍摄的风景照片，拍摄时不用考虑曝光补偿，也不用考虑曝光锁定，当曝光量标志位于标准曝光量标志的位置时，能获得相对准确的曝光

当前曝光标志在标准曝光的左侧两个小点处，表示当前画面曝光不足0.7挡，画面较为灰暗

当前曝光标志在标准曝光位置处，表示当前画面曝光标准，画面明暗均匀

当前曝光标志在标准曝光的右侧两个小点处，表示当前画面曝光过度0.7挡，画面较为明亮

用 B 门拍烟花、车轨、银河、星轨

摄影初学者拍摄朵朵绽开的烟花、乌云下的闪电等照片时，往往都只能抓拍到一朵烟花或者漆黑的天空，这种情况的确让人顿时倍感失落。

其实，对于光绘、车流、银河、星轨、焰火等这种需要长时间曝光并手动控制曝光时间的题材，其他模式都不适合，应该用 B 门曝光模式拍摄，切换到 B 门的方法如右侧图所示。

在 B 门曝光模式下，持续地完全按下快门按钮将使快门一直处于打开状态，直到松开快门按钮时快门被关闭，完成整个曝光过程，因此，曝光时间取决于快门按钮被按下与被释放的时间长短。

使用B门曝光模式拍摄时，为了避免所拍摄的照片模糊，应该使用三脚架及遥控快门线辅助拍摄，若不具备条件，至少也要将相机放置在平稳的地面上。

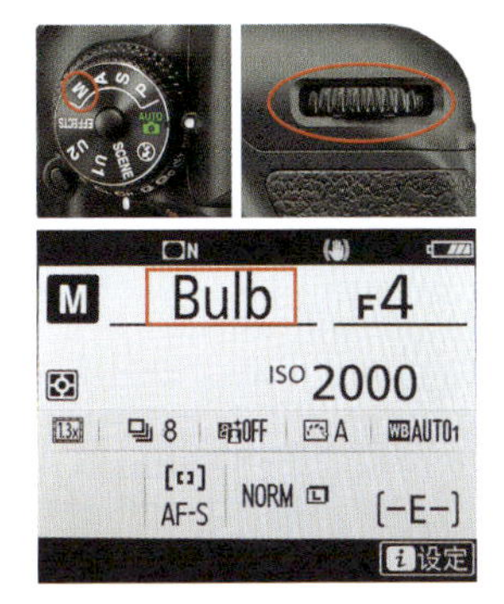

在M挡全手动曝光模式下，通过旋转主指令拨盘或指令拨盘将快门速度调至Bulb，即可切换至B门模式

利用B门曝光模式，通过10s的长时间曝光，拍摄到一大片绽放的烟花画面

24mm F10 10s ISO100

第4章

尼康镜头详解

读懂尼康镜头参数

虽然，有些摄影师手中有若干镜头，但不一定都了解镜头上数字或字母的含义。所以，当摄影界的“老法师”拿起镜头，口中念念有词“二代”“带防抖”“恒定光圈”时，摄影初学者往往羡慕不已，却不知其意。其实，只要能够熟记镜头上数字和字母代表的含义，就能很快地了解一款镜头的性能指标。

AF-S 70-200mm F2.8 G IF ED VR Ⅱ

❶ 镜头种类

AF

此标识表示适用于尼康相机的 AF 卡口自动对焦镜头。

❷ 焦距

表示镜头焦距的数值。定焦镜头采用单一数值表示；变焦镜头分别标记焦距范围两端的数值。

❸ 最大光圈

表示镜头最大光圈的数值。定焦镜头采用单一数值表示，变焦镜头中光圈不随焦距变化而变化的采用单一数值表示。

❹ 镜头特性

D/G

G 型镜头与 D 型镜头的最大区别在于，G 型镜头没有光圈环，同时，得益于镜头制造工艺的不断进步，G 型镜头拥有更高质量的镜片，因此，在成像性能上更有优势。

IF

IF 是 Internal Focusing 的缩写，指内对焦技术。此技术简化了镜头结构而使镜头的体积和重量都大幅度下降。

ED

ED 是 Extra-low Dispersion 的缩写，指超低色散镜片。加入了这种镜片后，使镜头既可以拥有锐利的色彩效果，又可以降低色差以进行色彩纠正。

DX

印有 DX 字样的镜头是专为尼康 APS-C 画幅数码单反相机而设计的，这种镜头在设计时就已经考虑了感光元件的画幅问题，并在成像、色散等方面进行了优化处理，可谓是量身打造的专属镜头类型。

VR

VR 即 Vibration Reduction，是尼康对于防抖技术的称谓。在开启 VR 时，通常在低于安全快门速度 3~4 挡的情况下也能实现成功拍摄。

Micro

表示这是一款微距镜头。通常将最大放大倍率在 0.5~1 倍（等倍）范围内的镜头称为微距镜头。

ASP

ASP 是 Aspherical lens elements 的缩写，指非球面镜片组件。使用这种镜片的镜头，即使在使用最大光圈时，仍能获得较佳的成像质量。

买原厂镜头还是副厂镜头

摄影爱好者通常都会面临“买原厂镜头还是副厂镜头”的抉择。

这时摄影爱好者的耳边不免会有这样或那样的不同说法，如原厂镜头质量好、好的原厂镜头太贵，副厂镜头也不差等建议，下面就从区别原厂与副厂概念开始来了解它们之间的区别。

原厂镜头自然是指尼康公司生产的镜头，由于是同一厂商开发的产品，因此，更能够充分发挥相机与镜头的性能，在镜头的分辨率、畸变控制及质量等方面都是出类拔萃的，但其价格不够平民化。

相对原厂镜头高昂的售价，副厂（第三方厂商）镜头似乎拥有更高的性价比，其中比较知名的品牌有腾龙、适马、图丽等。以腾龙SP AF 28-75mm F2.8 XR Di LD ASL IF镜头为例，在拥有不逊于原厂同焦段镜头AF-S尼克尔24-70mm F2.8E ED VR画面质量的情况下，其售价大约只有原厂镜头的1/3，因而得到了很多用户的青睐。

当然，副厂镜头也有其不可避免的缺点，比如镜头的机械性能、畸变及色散控制等方面都与原厂镜头有一些差距。

所以，我们的建议是，对于资金充足、对画质要求严苛、“原厂控”的摄影爱好者，建议选择原厂镜头；而对于资金有限、对画质没有严苛标准的摄影爱好者，建议选择副厂镜头。

AF-S尼克尔24-70mm F2.8E ED VR

腾龙SP AF 28-75mm F2.8 XR Di LD ASL IF

原厂镜头搭配全画幅相机拍摄出的风光照片，画质非常好

学会换算等效焦距

摄影爱好者常用的尼康单反相机，一般分为两种画幅，一种是全画幅相机，一种是APS-C画幅相机。

尼康 DX 画幅相机的 CMOS 感光元件为（23.5mm×15.6mm），由于其尺寸比全画幅的感光元件（36mm×24mm）小，因此，其视角也会变小。但为了与全画幅相机的焦距数值统一，也为了便于描述，一般通过换算的方式得到一个等效焦距，尼康 DX 画幅相机的焦距换算系数为 1.5。

因此，如果将其装在全画幅相机上，其焦距仍为100mm；但如果将焦距为100mm的镜头装在D7200相机上时，焦距就变为了150mm，用公式表示为：**DX等效焦距 = 镜头实际焦距 × 转换系数**（1.5）。

学习换算等效焦距的意义在于，摄影爱好者要了解同样一支镜头，安装在全画幅相机与 DX 画幅相机所带来的影响。例如，如果摄影爱好者的相机是 DX 画幅，但是想购买一支全画幅定焦镜头用于拍摄人像，那么就要考虑到焦距的选择。通常 85mm 左右焦距拍摄出来的人像是最为真实、自然的，在购买时，不能直接选择 85mm 的定焦镜头，而是应该选择 50mm 的定焦镜头，因为其换算焦距后等于 75mm，拍摄出来的画面基本与 85mm 焦距效果一致。

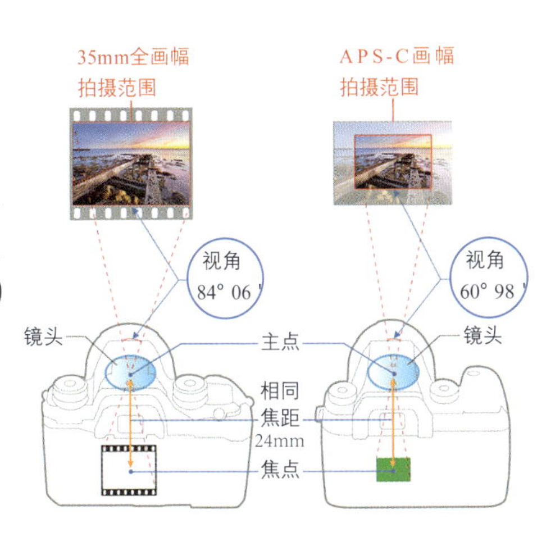

假设此照片是使用全画幅相机拍摄的，那么在相同情况下，使用DX画幅相机就只能拍摄到图中红色框中所示的范围

了解焦距对视角、画面效果的影响

焦距对于拍摄视角有非常大的影响，例如，使用广角镜头的14mm焦距拍摄时，其视角能够达到114°；而如果使用长焦镜头的200mm焦距拍摄时，其视角只有12°。不同焦距镜头对应的视角如下图所示。

由于不同焦距镜头的视角不同，因此，不同焦距镜头适用的拍摄题材也有所不同。比如焦距短、视角宽的广角镜头常用于拍摄风光；而焦距长、视角窄的长焦镜头则常用于拍摄体育比赛、鸟类等位于远处的对象。要记住不同焦距段的镜头的特点，可以从下面这句口诀开始："短焦视角广，长焦压空间，望远景深浅，微距景更短。"

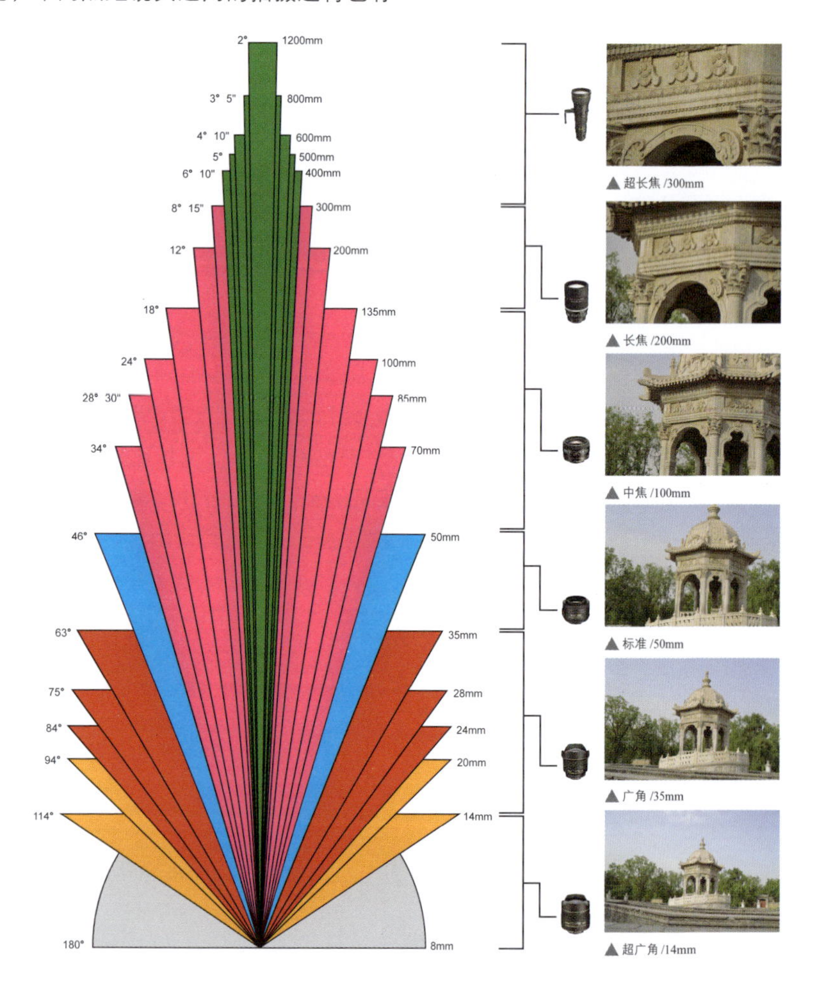

▲超长焦/300mm

▲长焦/200mm

▲中焦/100mm

▲标准/50mm

▲广角/35mm

▲超广角/14mm

明白定焦镜头与变焦镜头的优劣

在选购镜头时，除了要考虑原厂、副厂、拍摄用途之外，还涉及定焦与变焦镜头之间的选择。

如果用一句话来说明定焦与变焦的区别，那就是："定焦取景基本靠走，变焦取景基本靠扭"。由此可见，两者之间最大的区别就是一个焦距固定，另一个焦距不固定。

下面通过表格来了解一下两者之间的区别。

AF-S 尼克尔 50mm F1.4 G 定焦镜头

定焦镜头	变焦镜头
AF-S 尼克尔 85mm F1.4G	AF-S 尼克尔 24-70mm F2.8 G ED
恒定大光圈	浮动光圈居多，少数为恒定大光圈
最大光圈可以达到F1.8、F1.4、F1.2	只有少数镜头的最大光圈能够达到F2.8
焦距不可调节，改变景别靠走	可以调节焦距，改变景别不用走
成像质量优异	大部分镜头成像不如定焦镜头
除了少数超大光圈镜头，其他定焦镜头都售价低于恒定光圈的变焦镜头	生产成本较高，使得恒定光圈的变焦镜头售价架较高

AF-S 尼克尔 70-200mm F2.8 G ED VR Ⅱ 变焦镜头

在这组照片中，摄影师只需选好合适的拍摄位置，就可利用变焦镜头拍摄出不同景别的人像作品

大倍率变焦镜头的优势

变焦范围大

大倍率变焦镜头是指那些拥有较大的变焦范围，通常都具有 5 倍、10 倍甚至更高的变焦倍率的镜头。

价格亲民

这类镜头的价格普遍不高，即便是原厂镜头，在价格上也相对较低，使得普通摄影爱好者也能够消费得起。

在各种环境下都可发挥作用

大倍率变焦镜头的大变焦范围，让用户在各种情况下都可以轻易实现拍摄。比如参加活动时，常常是在拥挤的人群中拍摄，此时可能根本无法动弹，或者在需要抓拍、抢拍时，如果镜头的焦距不合适，则很难拍摄到好的照片，而对于焦距范围较大的大倍率变焦镜头来说，则几乎不存在这样的问题，在拍摄时可以通过随意变焦，以各种景别对主体进行拍摄。

又如，在拍摄人像时，可以使用广角或中焦焦距拍摄人物的全身或半身像，在摄影师保持不动的情况下，只需要改变镜头的焦距，就可以轻松地拍摄人物的脸部甚至是眼睛的特写。

大倍率变焦镜头可以让摄影师在同一位置拍摄到不同景别的照片

大倍率变焦镜头的劣势

成像质量不佳

由于变焦倍率高、价格低廉等原因，大倍率变焦镜头的成像质量通常都处于中等水平。但如果在使用时避免使用最长与最短焦距，在光圈设置上避免使用最大光圈或最小光圈，则可以有效改善画质，因为在使用最大和最小光圈拍摄时，成像质量下降、暗角及畸变等问题都会表现得更为明显。

机械性能不佳

大倍率变焦镜头很少会采取防潮、防尘设计，尤其是在变焦时，通常会向前伸出一截或两截镜筒，这些位置不可避免地会有间隙，长时间使用时难免会进灰，因此，在平时应特别注意尽量不要在潮湿、灰尘较大的环境中使用。

另外，对于会伸出镜筒的镜头，在使用一段时间后，也容易出现阻尼不足的问题，即当相机朝下时，镜筒可能会自动滑出，因此，在日常使用时，应尽量避免用力、急速地拧动变焦环，以延长阻尼的使用寿命。当镜头提供变焦锁定开关时，还应该锁上此开关，避免自动滑出的情况出现。

镜头上的变焦锁定开关，朝镜头前端一推锁定，朝镜头后端一推解锁

18mm F10 5s ISO200

外出旅游时，带一支大倍率变焦镜头即可满足拍摄需求

小倍率变焦镜头的优势

成像质量佳

小倍率的变焦镜头制作工艺高，镜头一般应用多种高精尖的镜头技术，镜头所加入的特殊镜片能够有效地控制畸变、鬼影、眩光等影响画质的因素，同时还具有高速且精密的对焦技术、能够补偿手抖、相机抖动的防抖技术。因此，使用此类镜头所拍摄出来的照片在画质方面是极为优秀的。

拥有恒定光圈

小倍率的变焦镜头，大多数是恒定光圈镜头，即不管焦距如何变化，其最大光圈和最小光圈都不会随着焦距的变化而产生变化，不会因此改变画面的曝光组合，而且优秀的小变焦镜头还具有较大的光圈，能够拍摄出不错的虚化效果，同时在弱光下拍摄时，大光圈能增加通光量，大大减少画面模糊的概率。

这张人像照片是使用AF-S尼克尔24-70mm F2.8E ED VR拍摄的，人物的皮肤白皙，画质细腻

小倍率变焦镜头的劣势

不能适用各种拍摄题材

大倍率变焦镜头由于变焦范围大，从而可以实现一支镜头拍摄风光、建筑、人物、静物、动物、体育等多种题材。

而小变焦倍率的镜头则无法实现了，其变焦范围有限，只能根据所拍摄的题材来选择相应的镜头，想拍摄广角风光，就选择广角变焦镜头，想拍人物就选择标准变焦镜头，而如果想拍摄动物、体育题材，则选择长焦变焦镜头。

广角镜头表现出了城市繁荣与璀璨

价格昂贵

好的东西必然是不便宜的，既然小变焦倍率镜头拥有成像质量好、恒定大光圈的高性能，价格自然也比大变焦镜头高。

而且由于其变焦范围小，对于同时喜爱多种题材的摄影爱好者来说，可能需要买2~3支镜头才能满足需求，这无疑也增加了器材的投入成本。

“打鸟”爱好者们不妨购买一支AF-S尼克尔200-400mm F4G ED VR Ⅱ镜头，使照片的质量有所保证

了解恒定光圈、浮动光圈

恒定光圈镜头

恒定光圈，即指在镜头的任何焦段下都拥有相同的光圈，对于定焦镜头而言，其焦距是固定的，光圈也是恒定的，因此，恒定光圈对于变焦镜头的意义更为重要。如尼康镜皇之一的 AF-S 24-70mm F2.8 G 就是拥有恒定 F2.8 的大光圈，可以在 24 ~70mm 之间的任意一个焦距下拥有 F2.8 的大光圈，以保证充足的进光量，或更好的虚化效果。

恒定光圈镜头：尼康AF-S 24-120mm F4G ED VR

浮动光圈镜头

浮动光圈，是指光圈会随着焦距的变化而改变，例如例如尼康镜头 AF-S 18-105mm F3.5-5.6G，当焦距为 18mm 时，最大光圈为 F3.5；而当焦距为 105mm 时，其最大光圈就自动变为了 F5.6。

浮动光圈镜头：尼康AF-S 70-300mm F4.5-5.6G ED VR

很显然，恒定光圈的镜头使用起来更方便，因为可以在任何一个焦段下获得最大光圈，但其价格也往往较贵。而浮动光圈镜头的性价比较高则是其较大的优势。

人像定焦镜头都是恒定光圈头，不仅能够得到唯美虚化的背景，还能保证照片的画质

购买镜头时合理的搭配原则

普通的摄影爱好者在选购镜头时应该特别注意各镜头间的焦段搭配，尽量避免重合，甚至可以留出一定的“中空”。

比如尼康的“大三元”系列的3支镜头，即AF-S 尼克尔14-24mm F2.8 G ED 、AF-S尼克尔24-70mm F2.8E ED VR以及AF-S 尼克尔 70-200mm F2.8 G ED VR Ⅱ镜头，覆盖了从广角到长焦最常用的焦段，并且各镜头之间焦距的衔接极为紧密，即使是专业摄影师，也能够满足其绝大部分拍摄需求。

14~24mm焦段	24~70mm焦段	70~200mm焦段

AF-S 尼克尔14-24mm F2.8 G ED	AF-S尼克尔24-70mm F2.8E ED VR	AF-S 尼克尔 70-200mm F2.8 G ED VR Ⅱ

100mm F10 1/160s ISO100

镜头保养小常识

日常拍摄中，发现镜头脏了便要及时清理，清理镜头也包含一些小常识，如果在清理时方法不正确，便有可能对镜头造成伤害，那么，到底该怎么保养镜头呢?

清洁布

清理镜头灰尘、污渍的方法

在清洁镜头时，千万不要往镜头上面哈气，镜头的光学镜面都会有特殊的镀膜涂层处理，哈出来的气息带有酸性的成分，这样做只会损害镜头，在清洁上并不会有任何作用。

毛刷

如果镜头上沾有灰尘，也不可以直接使用拭镜布直接擦拭，直接擦拭的话，灰尘会与镜面产生摩擦，从而磨坏表面镀膜涂层，正确的方法是，先使用气吹将镜头上的灰尘吹走，然后再使用镜头专用的拭镜布进行擦拭。

假如这么清洁觉得不够干净，坚持要使用镜头的专用清洁液，则不要将液体直接倒在镜头上，应先使用气吹清洁，再将清洁液滴上几滴在拭镜纸上，然后使用拭镜纸从镜头的中间往外轻轻擦拭。

气吹

一般情况下，如果镜头不是很脏的话，建议只用气吹，把镜头朝下吹掉灰尘即可，避免过多的动作刮坏镜头的镀膜。

及时去除镜头上的灰尘、手印、污渍，避免照片因这些因素而影响效果

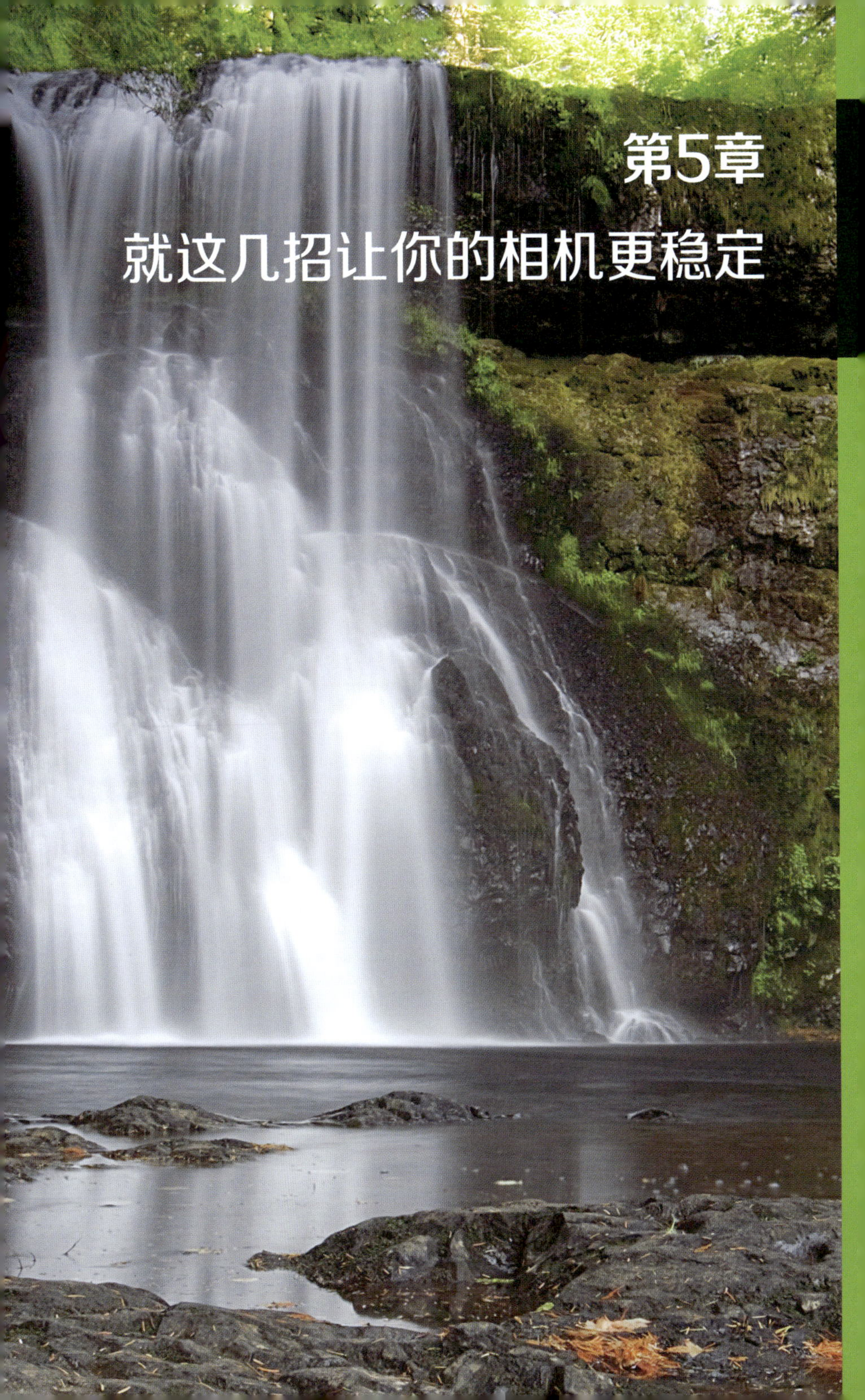

第5章

就这几招让你的相机更稳定

拍前深呼吸保持稳定

在户外拍摄时，不管是公园里的边走边拍，还是在山区、林区里爬上爬下，背着相机长时间运动后，人的呼吸都会变重，如果此时拿起相机就拍，过重的呼吸也有可能造成画面的抖动。

此时，除了摆出标准的持机姿势外，还要在拍摄时调整呼吸以减少身体抖动。有经验的摄影师在拍摄时，不管是高速快门还是低速快门拍摄，拍前都会深呼吸。调整呼吸的节奏，使呼吸变缓，减少身体的晃动，在半按快门及按下快门拍摄时更应暂停呼吸，以保证画面的清晰度。

85mm F2.8 1/640s ISO400 拍摄前调整呼吸，得到清晰的人像照片

用三脚架与独脚架保持拍摄稳定性

脚架类型及各自特点

在拍摄微距、长时间曝光题材或长焦镜头拍摄动物时，脚架是必备的摄影配件之一，使用它可以让相机变得更稳定，即使在长时间曝光的情况下，也能够拍摄到清晰的照片。

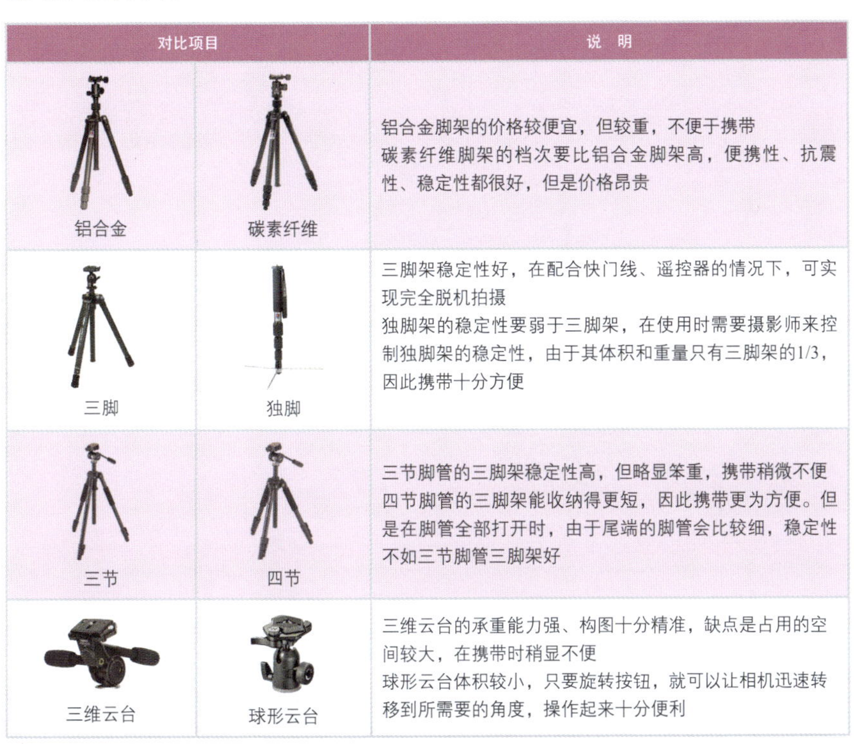

对比项目		说 明
铝合金	碳素纤维	铝合金脚架的价格较便宜，但较重，不便于携带 碳素纤维脚架的档次要比铝合金脚架高，便携性、抗震性、稳定性都很好，但是价格昂贵
三脚	独脚	三脚架稳定性好，在配合快门线、遥控器的情况下，可实现完全脱机拍摄 独脚架的稳定性要弱于三脚架，在使用时需要摄影师来控制独脚架的稳定性，由于其体积和重量只有三脚架的1/3，因此携带十分方便
三节	四节	三节脚管的三脚架稳定性高，但略显笨重，携带稍微不便 四节脚管的三脚架能收纳得更短，因此携带更为方便。但是在脚管全部打开时，由于尾端的脚管会比较细，稳定性不如三节脚管三脚架好
三维云台	球形云台	三维云台的承重能力强、构图十分精准，缺点是占用的空间较大，在携带时稍显不便 球形云台体积较小，只要旋转按钮，就可以让相机迅速转移到所需要的角度，操作起来十分便利

使用低速快门拍摄溪流时，可以使用三脚架稳定相机拍摄

20mm F16 2s ISO100

用豆袋增强三脚架的稳定性

在大风的环境中拍摄时，再结实的三脚架也需要辅助物来增加其稳固性，一些三脚架的中杆和支架边上，设置有可以悬挂的钩子，这些就是用来挂重物的。

悬挂物可以选择豆袋或相机包等较重的物体，只要悬挂后能保证三脚架稳稳地立在地上即可，要注意悬挂物不能太轻，否则不但起不到太大的作用，反而还会被风吹得四处摇摆，从而增加三脚架的不稳定性。

将背包悬挂在三脚架上，可以提高稳定性

70mm F5.6 1/40s ISO100

在有风的天气里拍摄时，注意增强三脚架的稳定性，避免出现三脚架倒地的情况，从而造成损失

分散脚架的承重

在海滩、沙漠、雪地拍摄时，由于沙子或雪比较柔软，三脚架的支架会不断地陷入其中，即使是质量很好的三脚架，也很难保持拍摄的稳定性。

尽管到了足够深的地方能有一定的稳定性，但是沙子、雪会覆盖整个支架，容易造成脚架的关节处损坏。

在这样的情况下，就需要一些物体来分散三脚架的重量，一些厂家生产了“雪靴”，安装在三脚架上可以防止脚架陷入雪或沙子中。如果没有雪靴，也可以自制三脚架的靴子，比如平坦的石块、旧碗碟或屋顶的砖瓦都可以。

扁平状的“雪靴”可以防止脚架陷入沙地或雪地

用快门线与遥控器控制拍摄

快门线的使用方法

在拍摄长时间曝光的题材时，如夜景、慢速流水、车流，如果希望获得极为清晰的照片，只有三脚架支撑相机是不够的，如果直接用手去按快门按钮拍摄，还会造成画面模糊。这时，快门线便派上用场了。快门线的作用就是为了尽量避免直接按下机身快门时可能产生的震动，以保证拍摄时相机保持稳定，从而获得更清晰的画面。

将快门线与相机连接后，可以半按快门线上的快门按钮进行对焦、完全按下快门进行拍摄，但由于不用触碰机身，因此，在拍摄时可以避免相机的抖动。尼康入门级及中端机型可以使用 MC-DC2 型号的快门线。D800、D810 全画幅相机可以使用 MC-36 型号的快门线。MC-36 快门线可用于间隔拍摄及定时拍摄。

尼康 MC-DC2 快门线

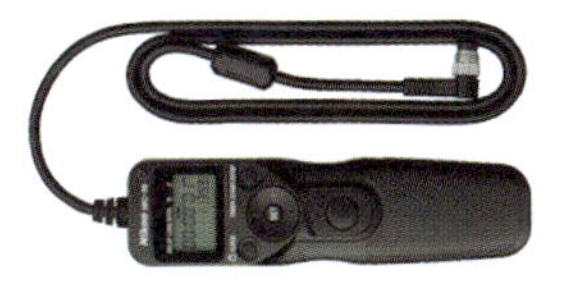

尼康MC-36快门线

拍摄星轨时，需要使用快门线配合三脚架进行拍摄

遥控器的作用

在自拍或拍集体照时，如果不想在自拍模式下跑来跑去进行拍摄，便可以使用遥控器拍摄。

如何进行遥控拍摄

使用遥控器可以在最远距离相机约 5m 的地方进行遥控拍摄。遥控拍摄的流程如下：

❶ 将电源开关置于 ON 位置。

❷ 半按快门对被摄对象进行预先对焦。

❸ 将镜头的对焦模式开关置于 MF 位置，采用手动对焦；也可以将对焦模式开关调到 AF 位置，采用自动对焦。

❹ 在“照片拍摄”菜单中选择“遥控模式（ML-L3）”选项，然后选择一种遥控模式。

❺ 将遥控器朝向相机的遥控感应器并按下传输按钮，自拍指示灯点亮并拍摄照片。

除了使用遥控器拍摄外，如果使用具有无线功能的相机时，如 D5500、D5600、D7500、D750 四款相机，可以通过 Wi-Fi 功能将相机与智能手机连接起来，然后打开手机上的 SnapBridge 软件（需下载安装），点击“遥控拍摄”选项，便可以在手机屏幕上实时显示画面，此拍摄方法更为方便。

> 提示：D3400、D5500、D5600等相机直接选择 2s（遥控延迟2秒）或（快速响应遥控）快门释放模式即可。
> D610相机则需要切换至（遥控器）或（自拍）快门释放模式，然后在“遥控模式”菜单中选择一个遥控选项。

ML-L3遥控器是功能最简单的遥控器，工作范围为5m

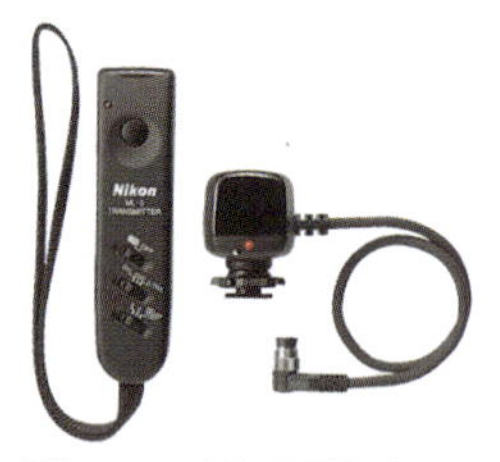

ML-3遥控器模组套装

照片拍摄菜单
暗角控制 ON
自动失真控制 ON
闪烁消减 --
遥控模式(ML-L3) OFF
自动包围设定 AE
多重曝光 OFF
HDR(高动态范围) OFF
间隔拍摄 OFF

❶ 在**照片拍摄**菜单中选择**遥控模式（ML-L3）**选项

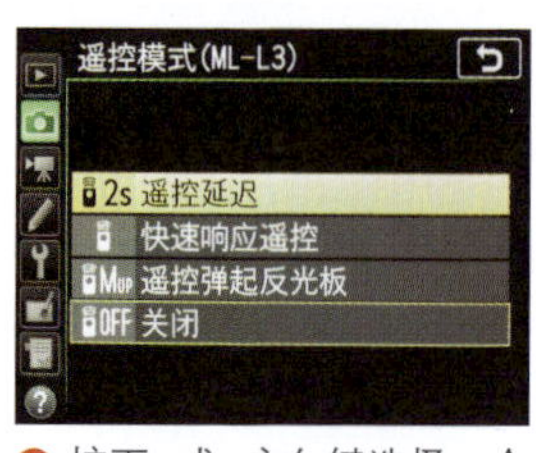

❷ 按下▲或▼方向键选择一个遥控选项，然后按下 OK 按钮确认

使用定时自拍避免机震

使用手机时，通过看液晶显示屏中显示的画面，便可以很方便地进行自拍。那么，单反相机能不能用来自拍呢？当然也是可以的。

尼康相机都提供了自拍快门释放模式，在此模式下，当摄影师按下快门按钮后，自拍定时指示灯会闪烁并且发出提示声音，然后相机会在摄影爱好者自定义设定的时间后自动拍摄。

在尼康相机中，摄影爱好者可以在“自定义设定”菜单中修改“c3 自拍”菜单的参数，从而获得 2s、5s、10s 和 20s 的自拍延迟时间。

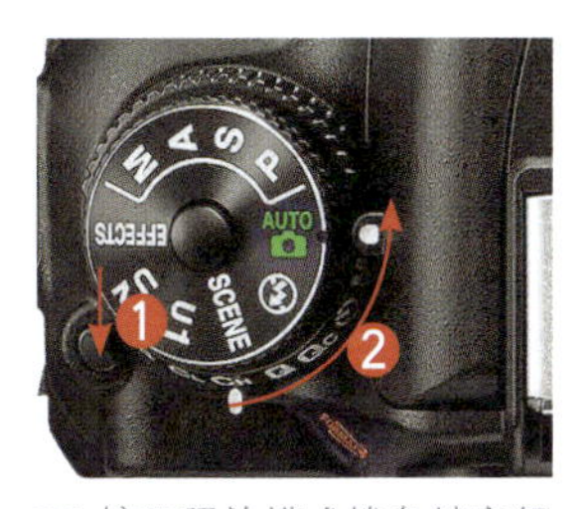

按下释放模式拨盘锁定解除按钮，并同时转动释放模式拨盘，使⏲图标对齐红圈所示的白线标志处，即可切换至自拍模式

设置2s的自拍延迟时间，在拍摄夜景车流时，可以避免拍摄时手指直接按下快门按钮时的震动

若选择 2s 或 5s 选项，适用于在没有三脚架或快门线的情况下，拍摄长时间曝光的画面，如星空、夜景、雾化的水流、车流等题材。拍摄时，快门按钮将在按下快门 2s 或 5s 后，才开始释放并曝光，因此，可以将由于手部动作造成的震动降至最低，得到清晰的照片。

而 10s 或 20s 的自拍延迟时间，则适用于自拍或合影，摄影师可以预先取好景，并设定好对焦，然后按下快门按钮，在 10s 或 20s 内跑到自拍处或合影处，摆好姿势等待拍摄便可。

除了可以设置自拍延迟时间外，还可以在“c3 自拍”菜单中设置“拍摄张数”和“拍摄间隔”两个选项。例如，如果将“拍摄张数”设置为 5 张，“拍摄间隔”设置为 3s，这样可以一下自拍 5 张照片，由于每两张照片之间有 3s 的间隔时间，足以摆出不同的姿势。

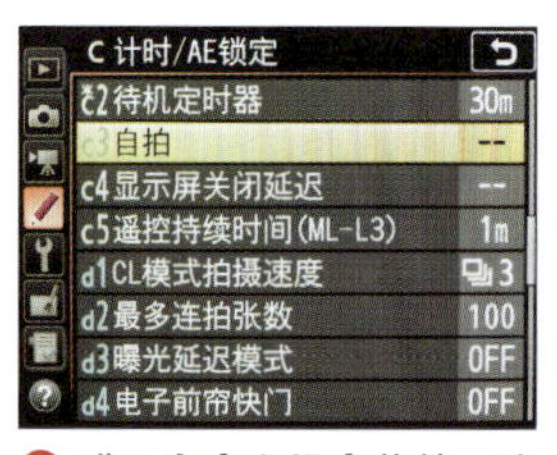

❶ 进入**自定义设定**菜单，选择**c计时/AE锁定**中的**c3自拍**选项

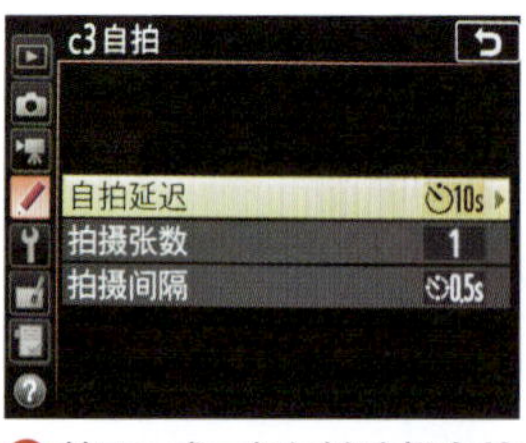

❷ 按下▲或▼方向键选择**自拍延迟**选项，然后按下▶方向键

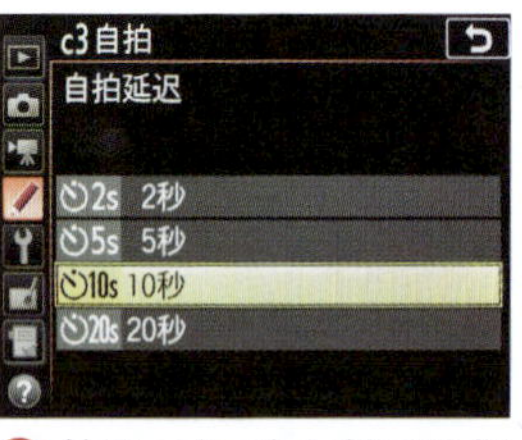

❸ 按下▲或▼方向键可选择不同的自拍延迟时间，然后按下 OK 按钮确认

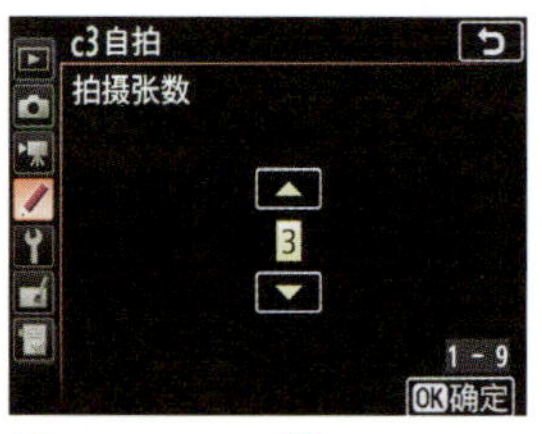

❹ 如果在步骤❷中选择**拍摄张数**选项，按下▲和▼方向键可以选择要拍摄的照片数量

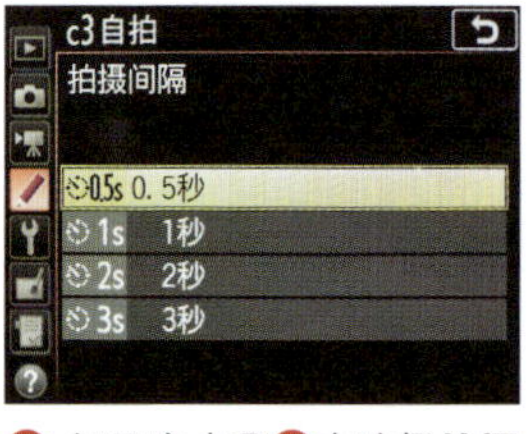

❺ 如果在步骤❷中选择**拍摄间隔**选项，按下▲和▼方向键可以选择拍摄张数超过 1 张时两次拍摄之间的间隔时间

提示：要重视“拍摄张数”这个参数，因为在自拍团体照时，通常会出现某些人没有笑容、某些人闭眼的情况，将此数值设置得高一些，能够增加后期挑选照片的余地。

第6章
滤镜配置与使用详解

滤镜的“方圆”之争

摄影初学者在网上商城选购滤镜时，看到滤镜有方形和圆形两种，便不知道该如何选择。通过本节内容讲解，在了解方形滤镜与圆形滤镜的区别后，摄影爱好者便可以根据自身需求做出选择了。

圆形与方形的中灰渐变镜

滤镜	圆形		方形
UV 镜 保护镜 偏振镜	这三种滤镜都是圆形的，不存在方形与圆形的选择问题		—
中灰镜	优点	可以直接安装在镜头上，方便携带及安装遮光罩	不用担心镜头口径问题，在任何镜头上都可以用
	缺点	需要匹配镜头口径，并不能通用于任何镜头	需要安装在滤镜支架上使用，因此不能在镜头上安装遮光罩了；携带不太方便
渐变镜	优点	可以直接安装在镜头上，使用起来比较方便	可以根据构图的需要调整渐变的位置
	缺点	渐变位置是不可调节的，只能拍摄天空约占画面50%的照片	需要买一个支架装在镜头前面才可以把滤镜装上

使用方形中灰渐变镜降低天空亮度，得到天空与海面都细节丰富的风光画面

选择滤镜要对口

有些摄影爱好者拍摄风光的机会比较少，在器材投资方面，并没有选购一套滤镜的打算，因此，如果偶然有几天要外出旅游拍一些风光照片，会借朋友的滤镜玩玩，或在网上租一套滤镜。此时，需要格外注意镜头口径的问题。要知道滤镜并不能通用于任何镜头，不同的镜头拥有不同的口径，因此，滤镜也分为相应的各种尺寸，一定要注意了解自己所使用的镜头口径，避免滤镜拿回去以后或大或小，而安装不到镜头上去。

例如，AF-S DX 变焦尼克尔 18-55mm F3.5-5.6G ED Ⅱ镜头的口径是 52mm，AF-S DX 尼克尔 18-140mm F3.5-5.6G ED VR 镜头的口径为 67mm，而专业级的镜头，如尼康“大三元”之一的 AF-S 尼克尔 70-200mm F2.8G ED VR Ⅱ镜头的口径则为 77mm。

在选择方形渐变镜时，也需要注意镜头口径的大小，如果当前镜头安装滤镜的尺寸是 82mm，那么选择方形渐变镜时，需要买 100mm 的镜片，以方便进行调节。

给镜头安装合适口径的偏振镜，得到天空湛蓝的风光照片

UV 镜

UV 镜也叫“紫外线滤镜”，是滤镜的一种，主要是针对胶片相机设计的，用于防止紫外线对曝光的影响，提高成像质量和影像的清晰度。现在的数码相机已经不存在这种问题了，但由于其价格低廉，已成为摄影师用来保护数码相机镜头的工具。因此，强烈建议摄友在购买镜头的同时也购买一款 UV 镜，以更好地保护镜头不受灰尘、手印及油渍的侵扰。

除了购买尼康原厂的 UV 镜外，肯高、HOYO、大自然及 B+W 等厂商生产的 UV 镜也不错，性价比很高。

B+W 77mm XS-PRO MRC UV镜

保护镜

如前所述，在数码摄影时代，UV 镜的作用主要是保护镜头，开发这种 UV 镜的目的是兼顾数码相机与胶片相机。但考虑到胶片相机逐步退出了主流民用摄影市场，各大滤镜厂商在开发 UV 镜时已经不再考虑胶片相机，因此，由这种 UV 镜演变出了专门用于保护镜头的一种滤镜——保护镜，这种滤镜的功能只有一个，就是保护价格昂贵的镜头。

与 UV 镜一样，口径越大的保护镜价格越贵，通光性越好的保护镜价格也越贵。

肯高保护镜

保护镜不会影响画面的画质，拍摄出来的照片层次很细腻、颜色很鲜艳

偏振镜

肯高 67mm C-PL（W）偏振镜

如果希望拍摄到画面具有浓郁的色彩、清澈见底的水面、透过玻璃拍好里面的物品等，一个好的偏振镜是必不可少的。

偏振镜也叫偏光镜或PL镜，可分为线偏和圆偏两种，主要用于消除或减少物体表面的反光，数码相机应选择有“CPL”标志的圆偏振镜，因为在数码单反相机上使用线偏振镜容易影响测光和对焦。

在使用偏振镜时，可以旋转其调节环以选择不同的强度，在取景器中可以看到一些色彩上的变化。同时需要注意的是，使用偏振镜后会阻碍光线的进入，大约相当于两挡光圈的进光量，故在使用偏振镜时，需要降低约两挡的快门速度，这样才能拍出与未使用时相同曝光量的照片。

用偏振镜压暗蓝天

晴朗天空中的散射光是偏振光，利用偏振镜可以减少偏振光，使蓝天变得更蓝、更暗。加装偏振镜后所拍摄的蓝天比使用蓝色渐变镜拍摄的蓝天要更加真实，因为使用偏振镜拍摄，既能压暗天空，又不会影响其余景物的色彩还原。

使用偏振镜拍摄的照片，蓝天会加深，在拍摄时注意观察偏振镜的强度，避免画面中出现色彩不均匀的情况

用偏振镜提高色彩饱和度

如果拍摄环境的光线比较杂乱，会对景物的颜色还原产生很大的影响。环境光和天空光在物体上形成的反光，会使景物的颜色看起来并不鲜艳。使用偏振镜进行拍摄，可以消除杂光中的偏振光，减少杂散光对物体颜色还原的影响，从而提高物体的色彩饱和度，使景物的颜色显得更加鲜艳。

镜头前加装偏振镜进行拍摄，可以改变画面的灰暗色彩，增强色彩的饱和度

用偏振镜抑制非金属表面的反光

使用偏振镜拍摄的另一个好处就是可以抑制被摄体表面的反光。在拍摄水面、玻璃表面时，经常会遇到反光，使用偏振镜则可以削弱水面、玻璃及其他非金属物体表面的反光。

使用偏振镜消除水面的反光，从而拍摄到更加清澈的水面

随着转动偏振镜，水面上的倒映物慢慢消失不见

中灰镜

在欣赏风光摄影作品时，常常可以看见环境光线很充足，但画面却是长时间曝光的慢门效果的作品，如丝滑的水流、呈放射状的流云，不少摄影初学者对于此类画面的拍摄技巧感到好奇。

其实在拍摄这样的题材时，如果只是常规地改变曝光参数，是很难达到理想的效果的，要使用中灰镜来减少镜头的进光量，以得到更慢的快门速度，达到长时间曝光的效果。

中灰镜是一种在可见光范围内对光波无选择地均匀吸收的滤镜，它的作用是阻光，减少进入镜头的光线，内行都称之为“ND滤镜”，即Neutral Density的缩写。使用这种滤镜是为了降低快门速度，中灰镜外表看上去较暗、无色，阻光作用越强的灰镜，镜面看起来越暗。

在拍摄时，正确的方法是在未安装中灰滤镜的情况下，进行构图与对焦，在安装滤镜后，切换至手动对焦模式进行拍摄。摄影爱好者可以参考下面的口诀，熟记中灰镜的用法：

中灰滤镜慢门灵，装上滤镜看不清。
此时需要三脚架，调整构图再固定。
对焦使用超焦距，全靠手动自己拧。
曝光可以半自动，调好之后安滤镜。

肯高 52mm ND4 中灰镜

方形中灰镜

通过使用中灰镜降低快门速度，拍摄到水流连成雾状的效果

中灰渐变镜

摄影爱好者在拍摄日出日落风光照片时，会发现想同时保留天空与地面的细节，是一件非常困难的事情，最后拍摄出来的画面或者天空曝光正常而地面景物呈剪影效果，或者地面曝光正常而天空曝光过度的效果，总是不如眼睛所看到的那样理想。而中灰渐变镜便是专门解决这一难题的。

什么是中灰渐变镜

渐变镜是一种一半透光、一半阻光的滤镜，分为圆形和方形两种，在色彩上也有很多选择，如蓝色、茶色等。而在所有的渐变镜中，最常用的应该是中灰渐变镜。中灰渐变镜是一种中性灰色的渐变镜。

在阴天使用中灰渐变镜改善天空影调

中灰渐变镜几乎是在阴天时唯一能够有效改善天空影调的滤镜。在阴天条件下，虽然乌云密布显得很有层次，但是实际上天空的亮度仍然远远高于地面，所以，如果使用中灰渐变镜，用深色的一端覆盖天空，则可以通过减少镜头上部的进光量来延长曝光时间，使云的层次得到较好的表现。

使用中灰渐变镜降低明暗反差

当拍摄日出日落等明暗反差较大的场景时，为了使较亮的天空与较暗的地面得到均匀曝光，也可以使用中灰渐变镜进行拍摄。拍摄时用较暗的一端覆盖天空，即可减少此区域的通光量，从而使天空与地面均得到正确曝光。

安装中灰渐变镜后的相机效果

17mm F10 1/100s ISO200

借助于中灰渐变镜压暗过亮的天空，缩小其与地面的明暗差距，得到了层次细腻的画面效果

第7章

色温与白平衡运用技巧

白平衡与色温的概念

摄影爱好者旅拍时将自己拍摄的照片与同行专业摄影师的照片做对比后，往往会发现除了构图、用光有差距外，色彩通常也没有专业摄影师还原得精准。原因也很简单，通常是因为专业摄影师在拍摄时，对白平衡进行了精确设置。

什么是白平衡

简单地说，白平衡就是由相机提供的，确保摄影师在不同的光照环境下拍摄时，均能真实地还原景物颜色的设置。

无论是在室外的阳光下，还是在室内的白炽灯下，人的固有观念仍会将白色的物体视为白色，将红色的物体视为红色。摄影师有这种感觉是因为人的眼睛能够修正光源变化造成的色偏。

实际上，光源改变时，这些光的颜色也会发生变化，相机会精确地将这些变化记录在照片中，这样的照片在校正之前看上去是偏色的，但其实这才是物体在当前环境下的真实色彩。相机配备的白平衡功能，可以校正不同光源下的色偏，就像人眼的功能一样，使偏色的照片得以纠正。例如，在晴天拍摄时，拍摄出来的画面整体会偏向蓝色调，而眼睛所看到的画面并不偏蓝，此时，就可以将白平衡模式设置为“日光”模式，使蓝色减少，还原出景物本来的色彩。

设置合适的白平衡模式，很好地表现出城市夜景的氛围

28mm F8 1/350s ISO400

什么是色温

在摄影领域，色温用于说明光源的成分，单位用“K”表示。例如，日出日落时，光的颜色为橙红色，这时色温较低，大约为3200K；太阳升高后，光的颜色为白色，这时色温高，大约为5400K；阴天的色温还要高一些，大约为6000K。色温值越大，则光源中所含的蓝色光越多；反之，当色温值越小，光源中所含的红色光越多。

低色温的光趋于红、黄色调，其能量分布中红色调较多，因此，又通常被称为“暖光”；高色温的光趋于蓝色调，其能量分布较集中，也被称为“冷光”。通常在日落之时，光线的色温较低，因此，拍摄出来的画面偏暖，适合表现夕阳静谧、温馨的感觉。为了加强这样的画面效果，可以使用暖色滤镜，或是将白平衡设置成阴天模式。晴天、中午时分的光线色温较高，拍摄出来的画面偏冷，通常这时空气的能见度也较高，可以很好地表现大景深的场景。另外，冷色调的画面可以很好地表现出清冷的感觉，以开阔视野。

拍摄时将色温值设置到8500K，使夕阳的暖色调更为明显

下面的图例展示了不同光源对应的色温值范围，即当处于不同的色温范围时，所拍摄出来的照片的色彩倾向。

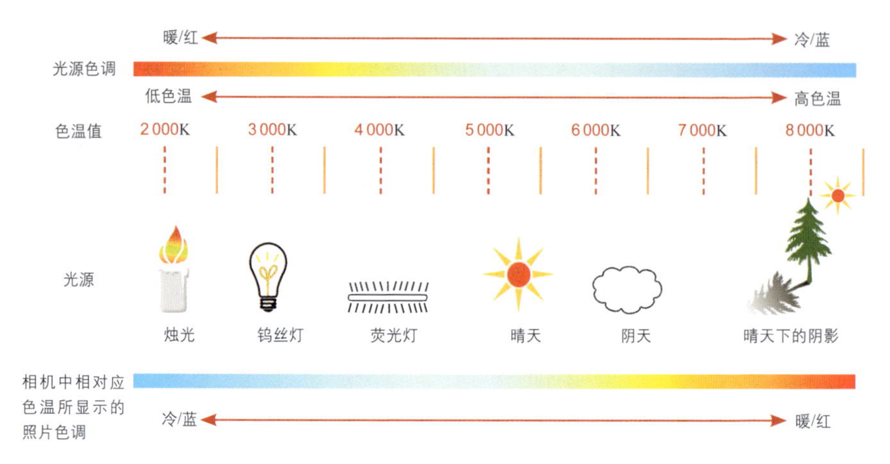

通过示例图可以看出，相机中的色温与实际光源的色温是相反的，这便是白平衡的工作原理，通过对应的补色来进行补偿。

了解色温并理解色温与光源之间的联系，使摄影爱好者可以通过在相机中改变预设白平衡模式、自定义设置色温 K 值，来获得色调不同的照片。

通常，当自定义设置的色温值和光源色温一致时，能获得准确的色彩还原效果；如果设置的色温值高于拍摄时现场光源的色温，则照片的颜色会向暖色偏移；如果设置的色温值低于拍摄时现场光源的色温，则照片的颜色会向冷色偏移。

这种通过手动调节色温获得不同色彩倾向或使画面向某一种颜色偏移的手法，在摄影中经常使用。

设置低色温数值，凸显清晨海边的清凉感

尼康白平衡的含义与典型应用

尼康预设有 AUTO 自动、白炽灯、荧光灯、晴天、闪光灯、阴天及背阴 7 种白平衡模式。

通常情况下，使用自动白平衡就可以得到较好的色彩还原，但这毕竟不是万能的，例如，在室内灯光下或多云天气下，拍摄的画面会出现还原不正常的情况。此时就要针对不同的光线环境还原色彩，如白炽灯、白色荧光灯、阴天等。但如果不确定应该使用哪一种白平衡，最好还是选择自动白平衡模式。

背阴白平衡色温：8000K

在晴天的阴影中拍摄时，由于其色温较高，使用背阴白平衡模式可以获得较好的色彩还原。背阴白平衡可以营造出比阴天白平衡更浓郁的暖色调，常应用于日落题材

阴天白平衡色温：6000K

在相同的现有光源下，阴天白平衡可以营造出一种较浓郁的红色的暖色调，给人温暖的感觉。适用于云层较厚的天气，或在阴天、黎明、黄昏等环境中拍摄时使用

闪光灯白平衡色温：5400K

闪光灯白平衡主要用于平衡使用闪光灯时的色温，较为接近阴天时的色温。但要注意的是，不同的闪光灯，其色温值也不尽相同，因此，需要通过实拍测试才能确定色彩还原是否准确

晴天白平衡色温：5200K

在空气较为通透或天空有少量薄云的晴天拍摄时，一般只要将白平衡设置为晴天白平衡，就能获得较好的色彩还原。但如果是在正午时分，又或者是日出前、日落后，则不适用此白平衡

白色荧光灯白平衡色温：3700K

白色荧光灯白平衡模式，会营造出偏蓝的冷色调，不同的是，白色荧光灯白平衡的色温比白炽灯白平衡的色温更接近现有光源色温，所以，色彩相对接近原色彩

白炽灯白平衡色温：3000K

白炽灯白平衡模式适用于拍摄宴会、婚礼、舞台表演等，由于色温较低，因此，可以得到较好的色彩还原。而拍摄其他场景会使画面色调偏蓝，严重影响色彩还原

手调色温——自定义画面色调

预设白平衡模式虽然可以直接跳到某个色温值，但毕竟只有几个固定的值，而自动白平衡模式在光线复杂的情况下，还原色彩准确度又不高。在光线复杂的环境中拍摄时，为了使画面能够得到更为准确的还原，此时便需要手动选择色温值。尼康相机支持的色温范围为2500~10000K，可以精确地进行调整，与预设白平衡的3500~8000K 色温范围相比，更加灵活、方便。

因此，在对色温有更高、更细致控制要求的情况下，如使用室内灯光拍摄时，很多光源（影室灯、闪光灯等）都是有固定色温的，通常在其产品规格中就会明确标出其发光的色温值，在拍摄时可以直接通过手调色温的方式设置一个特定的色温。

如果在无法确定色温的环境中拍摄，我们可以先拍摄几张样片进行测试和校正，以便找到此环境准确的色温值。

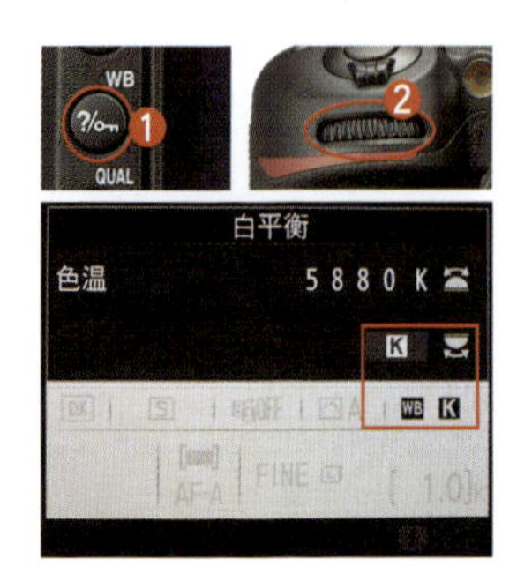

按住WB按钮并同时旋转主指令拨盘选择K（选择色温）白平衡模式，再旋转副指令拨盘即可调整色温值

常见光源或环境色温一览表			
蜡烛及火光	1900K以下	晴天中午的太阳	5400K
朝阳及夕阳	2000K	普通日光灯	4500~6000K
家用钨丝灯	2900K	阴天	6000K以上
日出后一小时阳光	3500K	金卤灯	5600K
摄影用钨丝灯	3200K	晴天时的阴影下	6000~7000K
早晨及午后阳光	4300K	水银灯	5800K
摄影用石英灯	3200K	雪地	7000~8500K
平常白昼	5000~6000K	电视屏幕	5500~8000K
220 V 日光灯	3500~4000K	无云的蓝天	10000K以上

提示：D3400、D5600等入门型相机未提供“选择色温”模式。

巧妙使用白平衡为画面增彩

在日出前利用阴天白平衡拍出暖色调画面

日出前色温都比较高，画面呈冷调效果，如果使用自动白平衡拍摄，得到的效果虽然接近自然，但给人印象不深刻。此时，如果使用阴天白平衡模式，可以让画面呈现出完全相反的暖色调效果，而且整体的色彩看起来也更加浓郁，增强了画面的感染力。

使用自动白平衡模式，画面呈现冷色调

将白平衡设置成阴天模式，画面呈现暖色调

利用白色荧光灯白平衡拍出蓝调雪景

在拍摄蓝调雪景时，画面的最佳背景色莫过于蓝色，因为蓝色与白色的明暗反差较大，因此，当蓝色映衬着白色时，白色会显得更白，这也是为什么许多城市的路牌都使用蓝底、白字的原因。

要拍出蓝调的雪景，拍摄时间应选择日出前或日落时分。日出前的光线仍然偏冷，因此，可以拍摄出蓝调的白雪；日落时分的光线相对透明，此时可使用低色温的白色荧光灯白平衡，以便获得色调偏冷的蓝调雪景。

为了渲染雪地清冷的感觉，将白平衡模式设置为荧光灯，使画面呈现出强烈的蓝调效果

在傍晚利用白炽灯白平衡拍出冷暖对比强烈的画面

在拍摄有暖调灯光的夜景时，使用钨丝灯白平衡可以让天空显得更冷一些，而暖色灯光仍然可以维持原来的暖色调，这样就能够在画面中形成鲜明的冷暖对比，既能够突出清冷的夜色，又能利用对比突出城市的繁华。

左图为使用自动白平衡拍摄的效果，右图是设置白炽灯白平衡后拍摄得到的画面效果，城市灯光和云霞的暖色调与天空的冷色调形成了强烈的对比，使画面更有视觉冲击力

利用低色温表现蓝调夜景

蓝调夜景一般都选择太阳刚刚落入地平线时拍摄，这时天空的色彩饱和度较高，光线能勾勒出建筑物的轮廓，比起深夜来，这段时间的天空具有更丰富的色彩。拍摄时需要把握时间，并提前做好拍摄准备。如果错过了最佳拍摄时间，可以利用手调色温的方式，通过将色温设置为一个较低数值，如2900K，从而人为地在画面中添加蓝色的影调，使画面成为纯粹的蓝调夜景。

将色温值设置为2900K，使城市中的夜景呈现为蓝调效果

第8章 决定照片品质的 3 个因素之一——曝光

从一张照片看曝光三要素的重要性

一张照片是否曝光正常、主体的动作是否清晰或动感、画面景深是大还是小，都是受光圈、快门速度、感光度3个因素的影响。在改变这些因素时，除了会对画面的曝光产生影响外，同时也会对画面的景深、动静和画质产生影响。

下面以右侧的照片为例，直观地说明曝光三要素对画面的影响，使摄影爱好者了解这三要素在拍摄时的重要性。

虽然示例的照片看起来就是一张简单的跳跃人像照片，但实际上，在拍摄前，摄影师是需要精确地设置光圈、快门速度和感光度值的。

首先，画面的背景比较虚化，即景深较小。光圈是控制景深的因素之一，为了得到较为虚化的背景，而人物主体又清晰，因而设置了较大的光圈值。

其次，画面中的人物主体呈现为跳跃在空中的状态，那么就需要使用较高的快门速度来定格瞬间。

最后，通过照片的环境可以看出，拍摄地点是一条处于散射光下的过道，因两旁树木的遮挡，光线比较弱，而为了使快门速度处于较高的值，因此，适当地提高了感光度值，但这也会造成画质有一定的下降，阴影处会出现细微的噪点。

将光圈值设置F3.5，可以保证背景虚化，同时也不会因景深过小而使人物跑焦

将快门速度设置为1/640s，可以将人物跳跃的动作定格在画面中

将感光度值设置为ISO400，可以确保此曝光组合能够使画面曝光正常

曝光三要素之光圈——控制光线进入量

认识光圈及表现形式

光圈其实就是相机镜头内部的一个组件，它由许多片金属薄片组成，金属薄片可以活动，通过改变它的开启程度可以控制进入镜头光线的多少。光圈开启越大，通光量就越多；光圈开启越小，通光量就越少。

为了便于理解，我们可以将光线类比为水流，将光圈类比为水龙头。在同一时间段内，如果希望水流更大，水龙头就要开得更大，换言之，如果希望更多光线通过镜头，就需要使用较大的光圈，反之，如果不希望更多光线通过镜头，就需要使用较小的光圈。

从镜头的底部可以看到镜头内部的光圈金属薄片

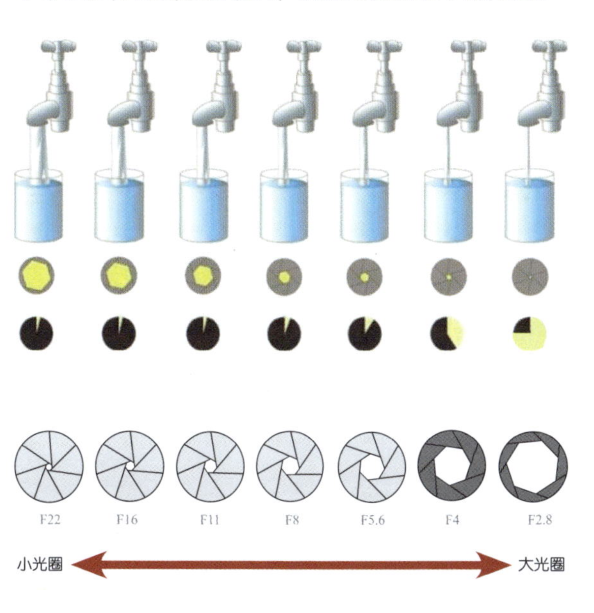

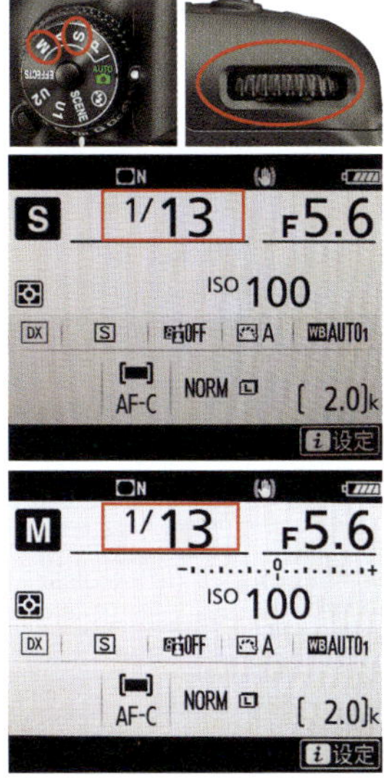

按下模式拨盘锁定解除按钮并旋转模式拨盘至快门优先或全手动模式。在快门优先和全手动模式下，转动主指令拨盘即可选择不同的快门速度值

光圈表示方法	用字母 F 或 f 表示，如 F8、f8（或 F/8、f/8）
常见的光圈值	F1.4、F2、F2.8、F4、F5.6、F8、F11、F16、F22、F32、F36
变化规律	光圈每递进一挡，光圈口径就不断缩小，通光量也逐挡减半。例如，F5.6 光圈的进光量是 F8 的两倍

光圈数值与光圈大小的对应关系

光圈越大，光圈数值就越小（如F1.2、F1.4），反之光圈越小，光圈数值就越大（如F18、F32）。初学者往往记不住这个对应关系，其实只要记住，光圈值实际上是一个倒数即可，例如，F1.2的光圈代表此时光圈的孔径是1/1.2，同理F18的光圈代表此时光圈孔径是1/18，很明显1/1.2>1/18，因此，F1.2是大光圈，而F18是小光圈。

光圈对曝光的影响

在日常拍摄时，一般最先调整的曝光参数都是光圈值，在其他参数不变的情况下，光圈增大一挡，则曝光量提高一倍，例如，光圈从F4增大至F2.8，即可增加一倍的曝光量；反之，光圈减小一挡，则曝光量也随之降低一半。换句话说，光圈开启越大，通光量就越多，所拍摄出来的照片也越明亮；光圈开启越小，通光量就越少，所拍摄出来的照片也越暗淡。

从这组照片中可以看出，当光圈从F3.2逐级缩小至F5.6时，由于通光量逐渐降低，拍摄出来的照片也逐渐变暗。

曝光三要素之快门速度——控制相机感光时间

快门与快门速度的含义

欣赏摄影师的作品，可以看到如飞翔的鸟儿、跳跃在空中的人物、车流的轨迹、丝一般的流水这类画面，这些具有动感的场景都是优先控制快门速度的结果。

那么什么是快门速度呢？简单地说，快门的作用就是控制曝光时间的长短。在按动快门按钮时，从快门前帘开始移动到后帘结束所用的时间就是快门速度，这段时间实际上也就是电子感光元件的曝光时间。所以，快门速度决定了曝光时间的长短，快门速度越快，则曝光时间就越短，曝光量也越少；快门速度越慢，则曝光时间就越长，曝光量也越多。

快门结构

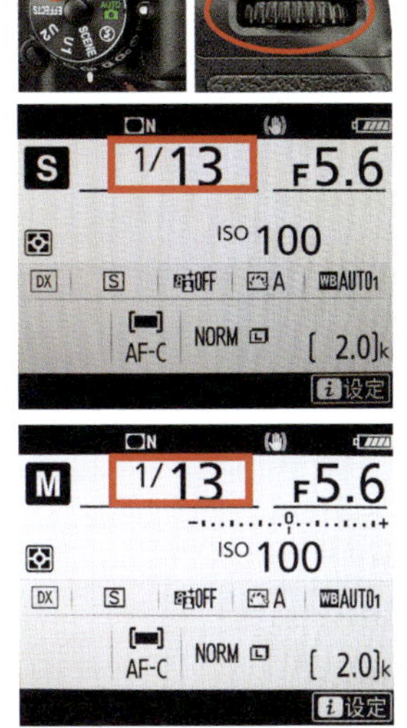

按下模式拨盘锁定解除按钮并旋转模式拨盘至快门优先或全手动模式。在快门优先和全手动模式下，转动主指令拨盘即可选择不同的快门速度值

利用高速快门将起飞的鸟儿定格住，拍摄出很有动感效果的画面

快门速度的表示方法

快门速度以秒为单位，低端入门级数码单反相机的快门速度范围通常为1/4000~30s，而中、高端单反相机，如D7500、D850的最高快门速度可达1/8000s，已经可以满足几乎所有题材的拍摄要求。

分类	常见快门速度	适用范围
低速快门	30s、15s、8s、4s、2s、1s	在拍摄夕阳、日落后以及天空仅有少量微光的日出前后时，都可以使用光圈优先曝光模式或手动曝光模式进行拍摄，很多优秀的夕阳作品都诞生于这个曝光区间。使用1~5s之间的快门速度，也能够将瀑布或溪流拍摄出如同棉絮一般的梦幻效果，使用10~30s可以用于拍摄光绘、车流、银河等题材
	1s、1/2s	适合在昏暗的光线下，使用较小的光圈获得足够的景深，通常用于拍摄稳定的对象，如建筑、城市夜景等
	1/4s、1/8s、1/15s	1/4s的快门速度可以作为拍摄成人夜景人像时的最低快门速度。该快门速度区间也适合拍摄一些光线较强的夜景，如明亮的步行街和光线较好的室内
中速快门	1/30s	在使用标准镜头或广角镜头拍摄时，该快门速度可以视为最慢的快门速度，但在使用标准镜头时，对手持相机的平稳性有较高的要求
	1/60s	对于标准镜头而言，该快门速度可以保证进行各种场合的拍摄
	1/125s	这一挡快门速度非常适合在户外阳光明媚时使用，同时也能够拍摄运动幅度较小的物体，如走动中的人
	1/250s	适合拍摄中等运动速度的拍摄对象，如游泳运动员、跑步中的人或棒球活动等
高速快门	1/500s	该快门速度已经可以抓拍一些运动速度较快的对象，如行驶的汽车、跑动中的运动员、奔跑中的马等
	1/1000s、1/2000s、1/4000s、1/8000s	该快门速度区间已经可以用于拍摄一些极速运动的对象，如赛车、飞机、足球运动员、飞鸟以及飞溅出的水花等

8mm F14 10s ISO200

快门速度对曝光的影响

如前面所述，快门速度的快慢决定了曝光量的多少。具体而言，在其他条件不变的情况下，每一倍的快门速度变化，会导致一倍曝光量的变化。例如，当快门速度由1/125s变为1/60s时，由于快门速度慢了一半，曝光时间增加了一倍，因此，总的曝光量也随之增加了一倍。

通过这组照片可以看出，在其他曝光参数不变的情况下，当快门速度逐渐变慢时，由于曝光时间变长，因此，拍摄出来的照片也逐渐变亮。

快门速度对画面动感的影响

快门速度不仅影响进光量，还会影响画面的动感效果。表现静止的景物时，快门的快慢对画面不会有什么影响，除非摄影师在拍摄时有意摆动镜头，但在表现动态的景物时，不同的快门速度就能够营造出不一样的画面效果。

这一组示例照片是在焦距、感光度都不变的情况下，分别将快门速度依次调慢所拍摄的。

对比下方这一组照片，可以看到当快门速度较快时，水流被定格成为清晰的水珠，但当快门速度逐渐降低时，水流在画面中渐渐变为拉长的运动线条。

70mm F3.2 1/64s ISO50

70mm F5 1/20s ISO50

70mm F8 1/8s ISO50

70mm F18 1/2s ISO50

拍摄效果	快门速度设置	说明	适用拍摄场景
凝固运动对象的精彩瞬间	使用高速快门	拍摄对象的运动速度越高，采用的快门速度也要越快	运动中的人物、奔跑的动物、飞鸟、瀑布
运动对象的动态模糊效果	使用低速快门	使用的快门速度越低，所形成的动感线条越柔和	流水、夜间的车灯轨迹、风中摇摆的植物、流动的人群

曝光三要素之感光度——调整相机对光的敏感度

理解感光度

作为曝光三要素之一的感光度，在调整曝光的操作中，通常作为最后一项。感光度是指相机的感光元件（即图像传感器）对光线的感光敏锐程度。即在相同条件下，感光度越高，获得光线的数量也就越多。但要注意的是，感光度越高，产生的噪点就越多，而低感光度画面则清晰、细腻，细节表现较好。在光线充足的情况下，一般使用ISO100即可。

DX画幅		
相机型号	D5600	D7500
ISO 感光度范围	ISO 100~ISO25600	ISO 100~ISO51200 可以向下扩展至 ISO50，向上扩展到 ISO1640000
全画幅		
相机型号	D810	D850
ISO 感光度范围	ISO 64~ISO12800 可以向上扩展到ISO51200	ISO 64~ISO25600 可以向下扩展至 ISO32，向上扩展到 ISO102400

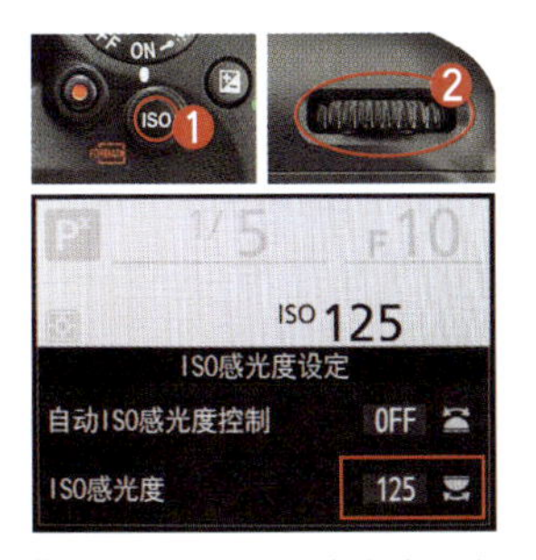

按下ISO按钮并转动主指令拨盘，即可调节ISO感光度的数值

在光线充足的环境下拍摄人像时，使用ISO100的感光度可以保证画面的细腻

感光度对曝光结果的影响

在有些场合拍摄时，如森林、光线较暗的博物馆等，光圈与快门速度已经没有调整的空间了，并且在无法开启闪光灯补光的情况下，那么，便只剩下提高感光度一种选择。

在其他条件不变的情况下，感光度每增加一挡，感光元件对光线的敏锐度会随之增加一倍，即曝光量增加一倍；反之，感光度每减少一挡，曝光量则减少一半。

固定的曝光组合	想要进行的操作	方法	示例说明
F2.8、1/200s、ISO400	改变快门速度并使光圈数值保持不变	提高或降低感光度	例如，快门速度提高一倍（变为1/400s），则可以将感光度提高一倍（变为ISO800）
F2.8、1/200s、ISO400	改变光圈值而保证快门速度不变	提高或降低感光度	例如，增加两挡光圈（变为F1.4），则可以将ISO感光度数值降低两挡（变为ISO100）

下面是一组在焦距为50mm、光圈为F3.2、快门速度为1/20s的特定参数下，只改变感光度拍摄的照片的效果。

50mm F3.2 1/20s ISO10

50mm F3.2 1/20s ISO12

50mm F3.2 1/20s ISO20

50mm F3.2 1/20s ISO32

这组照片是在M挡手动曝光模式下拍摄的，在光圈、快门速度不变的情况下，随着ISO数值的增大，由于感光元件的感光敏感度越来越高，使画面变得越来越亮。

ISO感光度与画质的关系

对于尼康大部分相机而言，使用ISO400以下的感光度拍摄时，均能获得优秀的画质；使用ISO500~ISO1600拍摄时，虽然画质要比低感光度时略有降低，但是依旧很优秀。

如果从实用角度来看，在光照较充分的情况下，使用ISO1600和ISO3200拍摄的照片细节较完整，色彩较生动，但如果以100%比例进行查看，还是能够在照片中看到一些噪点，而且光线越弱，噪点越明显，因此，如果不是对画质有特别要求，这个区间的感光度仍然属于能够使用的范围。但是对于一些对画质要求较为苛刻的用户来说，ISO1600是尼康相机能保证较好画质的最高感光度。

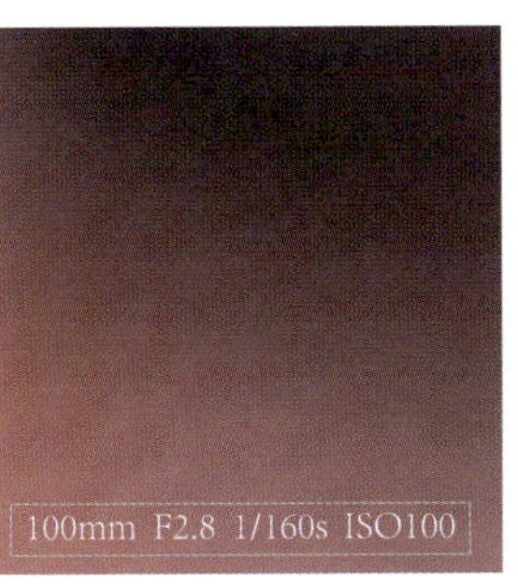

100mm F2.8 1/160s ISO100

100mm F2.8 1/1000s ISO800

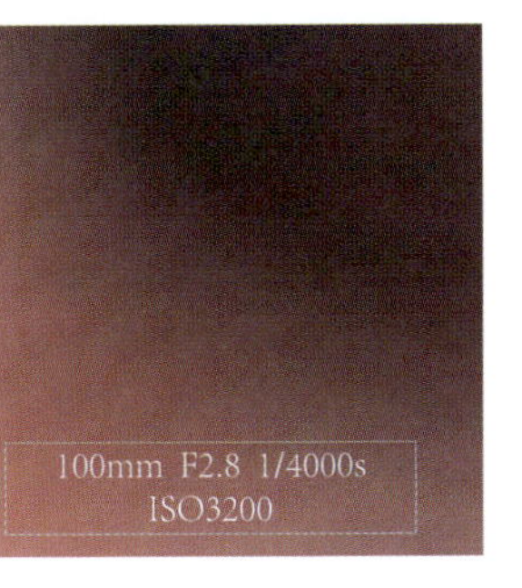

100mm F2.8 1/4000s ISO3200

从这组照片中可以看出，在光圈优先曝光模式下，当ISO感光度数值发生变化时，快门速度也发生了变化，因此，照片的整体曝光量并没有变化。但仔细观察细节可以看出，照片的画质随着ISO数值的增大而逐渐变差。

感光度的设置原则

除去需要高速抓拍或不能给画面补光的特殊场合下，并且只能通过提高感光度来拍摄的情况外，否则不建议使用过高的感光度值。感光度除了会对曝光产生影响外，对画质也有极大的影响，这一点即使是全画幅相机也不例外。感光度越低，画质就越好；反之，感光度越高，就越容易产生噪点、杂色，画质就越差。

在条件允许的情况下，建议采用相机基础感光度中的最低值，一般为ISO100，这样可以在最大程度上保证得到较高的画质。

需要特别指出的是，在光线充足与不足的情况下分别拍摄时，即使设置相同的ISO感光度，在光线不足时拍出的照片中也会产生更多的噪点，如果此时再使用较长的曝光时间，那么就更容易产生噪点。因此，在弱光环境中拍摄时，需要根据拍摄需求灵活设置感光度，并配合高ISO感光度降噪和长时间曝光降噪功能来获得较高的画质。

感光度设置	对画面的影响	补救措施
光线不足时设置低感光度值	会导致快门速度过低，在手持拍摄时容易因为手的抖动而导致画面模糊	无法补救
光线不足时设置高感光度值	会获得较高的快门速度，不容易造成画面模糊，但是画面噪点增多	可以用后期软件降噪

在手持相机拍摄建筑的精美内饰时，由于光线较弱，此时便需要提高感光度数值

曝光补偿——实现个性化画面的杀手锏

曝光补偿的概念

相机的测光原理是基于18%中性灰建立的，由于数码单反相机的测光主要是由场景物体的平均反光率确定的。除了反光率比较高的场景（如雪景、云景）及反光率比较低的场景（如煤矿、夜景），其他大部分场景的平均反光率都在18%左右，而这一数值正是灰度为18%物体的反光率。因此，可以简单地将测光原理理解为：当所拍摄场景中被摄物体的反光率接近于18%时，相机就会做出正确的测光。所以，在拍摄一些极端环境，如较亮的白雪场景或较暗的弱光环境时，相机的测光结果就是错误的，此时就需要摄影师通过调整曝光补偿来得到正确的拍摄结果，如下图所示。

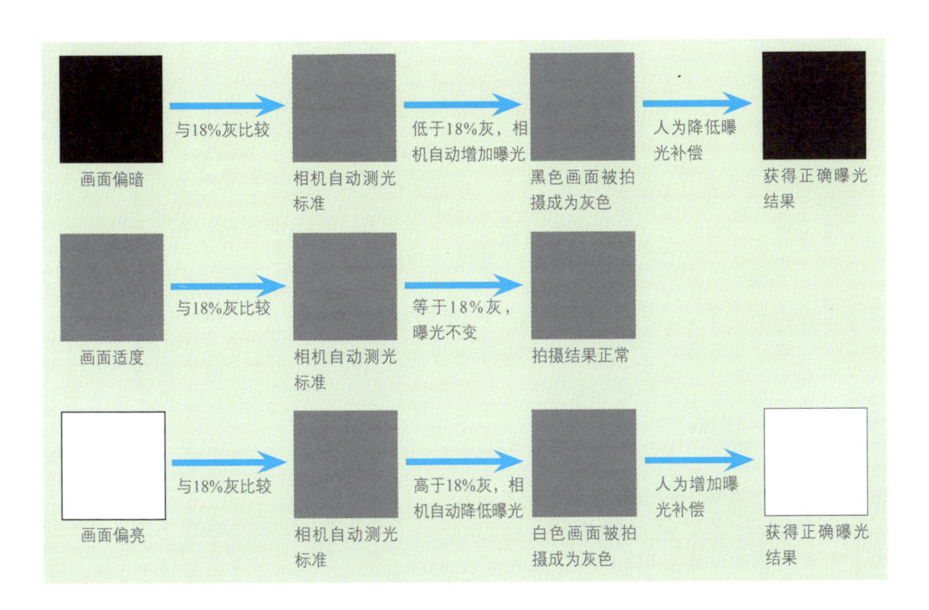

通过调整曝光补偿数值，可以改变照片的曝光效果，从而使拍摄出来的照片传达出摄影师的表现意图。例如，通过增加曝光补偿，使照片轻微曝光过度以得到柔和的色彩与浅淡的阴影，使照片有轻快、明亮的效果；或者通过减少曝光补偿，使照片变得阴暗。

在拍摄时，是否能够主动运用曝光补偿技术，是判断一位摄影师是否真正理解摄影的光影奥秘的标志之一。

尼康相机的曝光补偿范围 -5.0~+5.0EV，并以 1/3 级为单位进行调节。

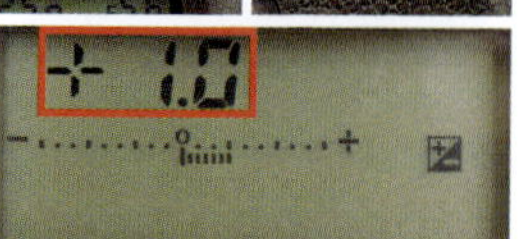

尼康中、高端相机是按住☒按钮并同时转动主指令拨盘即可在控制面板上调整曝光补偿数值。入门型相机是按住☒按钮并同时转动指令拨盘调整曝光补偿值

35mm F2 1/250s ISO100

拍摄美女的照片时，为了使其面部更白皙，可通过增加曝光补偿来提亮被摄者的面部，以达到美化人物的效果

判断曝光补偿的方向

在了解曝光补偿的概念后，那么曝光补偿在拍摄时如何应用呢？曝光补偿分为正向与负向，即增加与减少曝光补偿，针对不同的拍摄题材，在拍摄时一般可使用“找准中间灰，白加黑就减”口诀来判断是增加还是减少曝光补偿。

需要注意的是，“白加”中提到的“白”并不是指单纯的白色，而是泛指一切颜色看上去比较亮的、比较浅的景物，如雪、雾、白云、浅色的墙体、亮黄色的衣服等；同理，“黑减”中提到的“黑”，也并不是单指黑色，而是泛指一切颜色看上去比较暗的、比较深的景物，如夜景、深蓝色的衣服、阴暗的树林、黑胡桃色的木器等。

因此，在拍摄时，若遇到了“白色”的场景，就应该做正向曝光补偿；如果遇到的是“黑色”的场景，就应该做负向曝光补偿。

应根据拍摄题材的特点进行曝光补偿，以得到合适的画面效果

正确理解曝光补偿

许多摄影初学者在刚接触曝光补偿时，以为使用曝光补偿可以在曝光参数不变的情况下，提亮或加暗画面，这种认识是错误的。

实际上，曝光补偿是通过改变光圈与快门速度来提亮或加暗画面的。即在光圈优先模式下，如果增加曝光补偿，相机实际上是通过降低快门速度来实现的；反之，则通过提高快门速度来实现。在快门优先模式下，如果增加曝光补偿，相机实际上是通过增大光圈来实现的（直至达到镜头的最大光圈），因此，当光圈达到镜头的最大光圈时，曝光补偿就不再起作用；反之，则通过缩小光圈来实现。

下面通过两组照片及相应拍摄参数来佐证这一点。

50mm F1.4 1/10s ISO100 +1.3EV

50mm F1.4 1/25s ISO100 +0.7EV

50mm F1.4 1/25s ISO100 0EV

50mm F1.4 1/25s ISO100 -0.7EV

从上面展示的4张照片中可以看出，在光圈优先模式下，改变曝光补偿，实际上是改变了快门速度。

50mm F2.5 1/50s ISO100 -1.3EV

50mm F2.2 1/50s ISO100 -1EV

50mm F1.4 1/50s ISO100 +1EV

50mm F1.2 1/50s ISO100 +1.7EV

从上面展示的4张照片中可以看出，在快门优先模式下，改变曝光补偿，实际上是改变了光圈大小。

测光模式——曝光的总控制台

当一批摄影爱好者共同结伴外拍时，发现在拍摄同一个场景时，有些人拍摄出来的画面曝光不一样，产生这种情况的原因就在于他可能使用了不同的测光模式，下面就来讲一讲为什么要测光，测光模式又可以分为哪几种。

尼康相机提供了3种测光模式，分别适用于不同的拍摄环境。

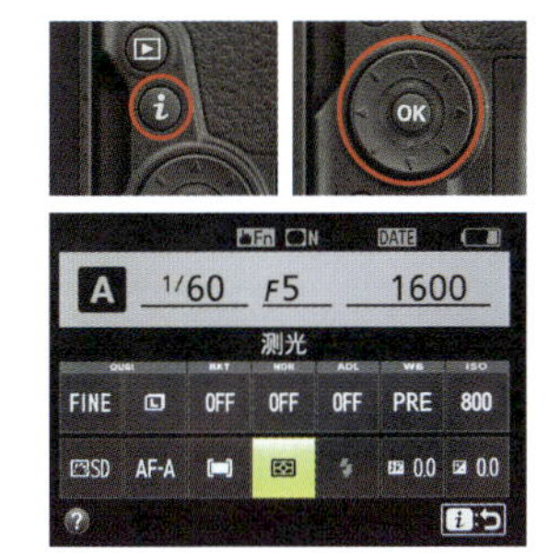

对于入门型相机而言，按下info按钮显示信息显示，按下 *i* 按钮进入信息显示编辑状态，按下▲▼◀▶方向键选择测光模式选项并按下OK按钮确定，然后在显示的选项中选择一种测光模式即可

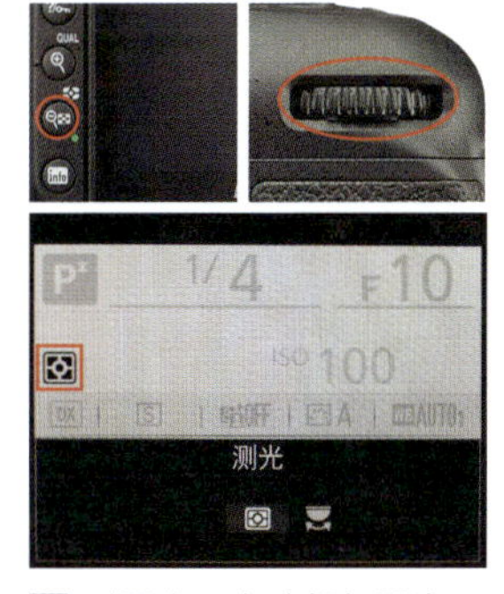

对于中、高端相机而言，按住测光按钮并同时旋转主指令拨盘即可选择所需的测光模式

利用点测光模式针对天空测光，使天空的霞光得到了较好的表现

矩阵测光模式

如果摄影爱好者是在光线均匀的环境中拍摄大场景风光照片，如草原、山景、水景、城市建筑等题材，都应该首选矩阵测光模式，因为大场景风光照片通常需要考虑整体的光照，这恰好是矩阵测光的特色。

在该模式下，相机会将画面分为多个区进行平均测光，此模式最适合拍摄日常及风光题材的照片。

当然，如果是拍摄雪、雾、云、夜景等这类反光率较高的场景，还需要配合使用曝光补偿技巧。

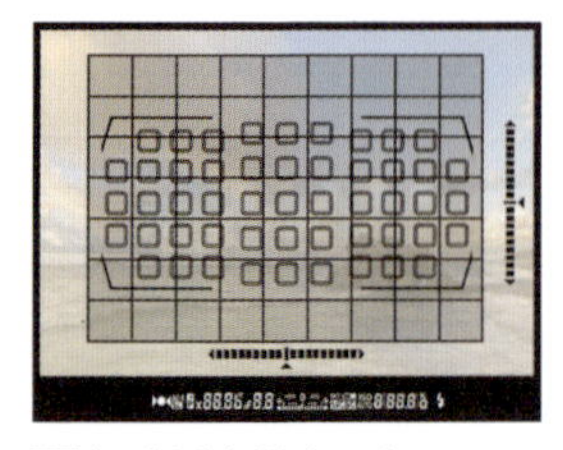

矩阵测光模式示意图

色彩柔和、反差较小的风光照片，常用矩阵测光模式

中央重点测光

在拍摄环境人像时，如果还是使用矩阵测光模式拍摄，会发现虽然环境曝光合适，而人物的肤色有时候却存在偏亮或偏暗的情况。这种情况下，其实最适合使用中央重点测光模式。

中央重点测光模式适合拍摄主体位于画面中央主要位置的场景，如人像、建筑物、背景较亮的逆光对象，以及其他位于画面中央的对象，这是因为该模式既能实现画面中央区域的精准曝光，又能保留部分背景的细节。

在中央重点测光模式下，测光会偏向取景器中央约 8mm 的区域内（在中、高端相机中，可以通过“中央重点区域”菜单设置该测光区域的直径），但是会同时兼顾其他部分的亮度。越靠近取景器的中心位置在测光时所占的权重越大；而越靠边缘的图像，在测光时所占的权重就越小。

例如，当尼康相机在测光后认为，画面中央位置的对象正确曝光组合是F8、1/320s，而其他区域正确曝光组合是F4、1/200s，则由于中央位置对象的测光权重较大，最终相机确定的曝光组合可能会是F5.6、1/320s，以优先照顾中央位置对象的曝光。

人物在画面的中间，最适合使用中央重点测光模式

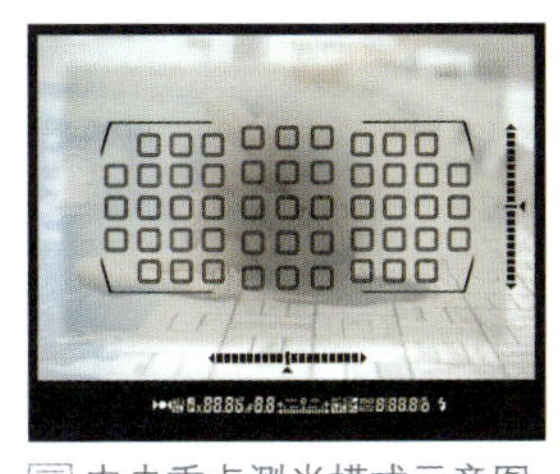

中央重点测光模式示意图

b 测光/曝光
a9 内置AF辅助照明器 OFF
b1 ISO感光度步长值 1/3
b2 曝光控制EV步长 1/3
b3 简易曝光补偿 OFF
b4 中央重点区域 (•) 8
b5 微调优化曝光 --
c1 快门释放按钮AE-L OFF
c2 待机定时器 6s

❶ 进入**自定义设定**菜单，选择 **b 测光 / 曝光**中的 **b4 中央重点区域**选项

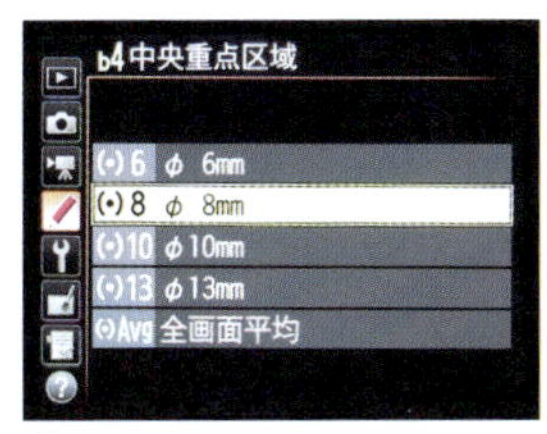

❷ 按▲或▼方向键可选择中央重点测光区域的大小

提示：当使用非CPU镜头时，中央重点测光将使用取景器中央直径为8mm的圆形区域作为测光区域；若将中央重点区域指定为“全画面平均”，则使用整个画面测光结果的平均值。

点测光 [•]

不管是夕阳时景物呈现为剪影的画面效果，还是皮肤白皙背景曝光过度的高调人像，都可以利用点测光模式来实现。

点测光是一种高级测光模式，集中在以所选对焦点为中心的 3.5mm 直径圈中（大约是整个画面的 2.5%）进行测光，因此具有相当高的准确性。

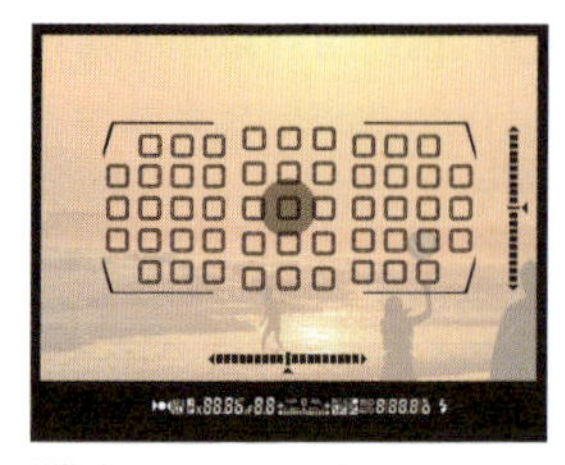

点测光模式示意图

由于点测光是依据很小的测光点来计算曝光量的，因此测光点（即对焦点）位置的选择将会在很大程度上影响画面的曝光效果，尤其是逆光拍摄或画面明暗反差较大时。

如果对准亮部测光，则可得到亮部曝光合适、暗部细节有所损失的画面；如果对准暗部测光，则可得到暗部曝光合适、亮部细节有所损失的画面。所以，拍摄时可根据自己的拍摄意图来选择不同的测光点，以得到曝光合适的画面。

这种测光模式是拍摄剪影照片的最佳测光模式。拍摄时，先将对焦点对准较亮的对象，半按快门按钮获得曝光参数组合后，按住 AE-L/AF-L 键锁定曝光参数，然后再重新构图，并将焦点对准需要拍摄成剪影效果的对象，按下快门按钮，完成拍摄。

使用点测光模式针对天空进行测光，得到夕阳下人物呈剪影效果的照片

200mm F11 1/800s ISO400

利用曝光锁定功能锁定曝光值

曝光锁定，顾名思义是指将画面中某个特定区域的曝光值锁定，并以此曝光值对场景进行曝光。当光线复杂而主体不在画面中央位置的时候，需要先对主体进行测光，然后将曝光值锁定，再进行重新构图和拍摄。下面以拍摄人像为例讲解其操作方法。

1 使用长焦镜头或者靠近人物，使人物脸部充满画面，半按快门得到曝光参数，按下AE-L/AF-L按钮，这时相机上会显示AE-L指示标记，表示此时的曝光已被锁定。

2 在曝光锁定标记亮起的情况下，通过改变相机的焦距或者改变和被摄者之间的距离进行重新构图后，半按快门对人物眼部对焦，合焦后完全按下快门完成拍摄。

按下相机背面的AE-L/AF-L按钮即可锁定曝光

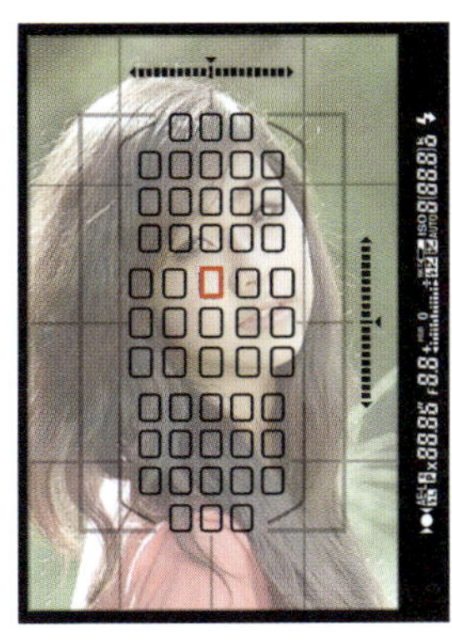

测光示例图

由于拍摄时距离主体较远，使用镜头的长焦端针对模特的皮肤进行测光并将曝光值锁定，再使用中焦端重新构图拍摄，即可获得正确曝光的画面

第9章 决定照片品质的 3 个因素之二——对焦

对焦的概念

对焦是成功拍摄的重要前提之一，准确对焦可以让主体在画面中清晰呈现，反之则容易出现画面模糊的问题，也就是所谓的“失焦”。

一个完整的拍摄过程如下所述：

首先，选定光线与拍摄主体。

其次，通过操作将对焦点移至拍摄主体上需要合焦的位置，例如，在拍摄人像时通常以眼睛作为合焦位置。

然后，对主体进行构图操作。

最后，半按快门启动相机的对焦、测光系统，并完全按下快门结束拍摄操作。

在这个过程中，对焦操作起到确保照片清晰度的作用。

85mm F2 1/160s ISO200

将焦点置于模特的眼睛处，不仅可以准确地表现其水汪汪的大眼睛，而且这样拍出来的人像画面最舒服

对焦点的概念

相信摄影爱好者在购买相机时，都会详细查看所选相机的性能参数，其中就会有该相机自动对焦点数量。

例如，入门级单反相机 D3300 有 11 个对焦点，入门级全画幅单反相机D610 有 39 个对焦点，准专业级全画幅相机 D810则多达 51 个对焦点。

那么自动对焦点的概念是什么呢？从被摄对象的角度来说，对焦点就是相机在拍摄时合焦的位置，例如，在拍摄花卉时，如果将对焦点选在花蕊上，则最终拍摄出来的照片中花蕊部分就是最清晰的。从相机的角度来说，对焦点是在液晶监视器及取景器上显示的数个方框，在拍摄时摄影师需要使相机的对焦框与被摄对象的对焦点准确合一，以指导相机应该对哪一部分进行合焦。

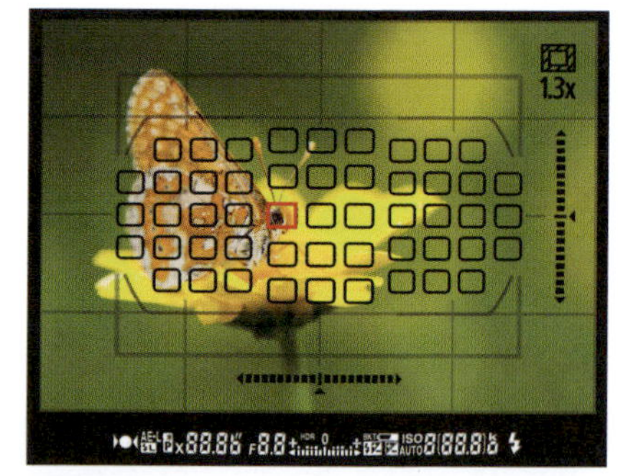

对焦示意图

将对焦点放置在蝴蝶的头部，并使用大光圈拍摄，得到了背景虚化而蝴蝶清晰的照片

根据拍摄题材选用自动对焦模式

如果说了解测光可以帮助我们正确地还原影调的话，那么选择正确的自动对焦模式，则可以帮助我们获得清晰的影像，而这恰恰是拍出好照片的关键环节之一。尼康相机提供了单次伺服、连续伺服、自动伺服 3 种自动对焦模式，下面分别介绍各种自动对焦模式的特点及适用场合。

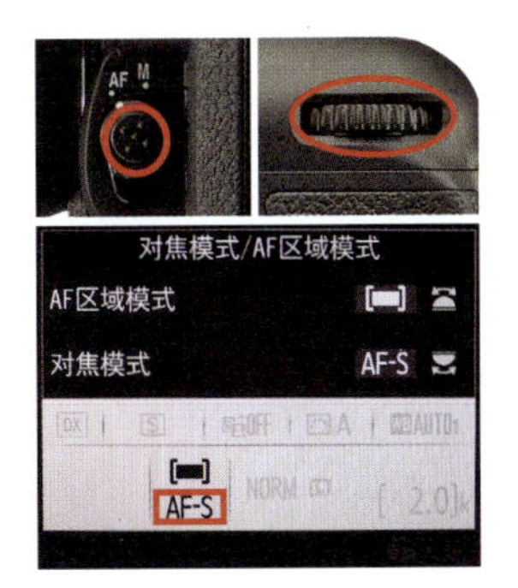

对于中、高端相机而言，在确认对焦模式选择器选择AF图标的情况下，按住AF按钮并同时转动主指令拨盘，即可在3种自动对焦模式间切换

拍摄静止对象选择单次伺服自动对焦模式（AF-S）

在单次伺服自动对焦模式下，相机在合焦（半按快门时对焦成功）之后即停止自动对焦，此时可以保持快门的半按状态重新调整构图。

单次伺服自动对焦模式是风光摄影中最常用的对焦模式之一，特别适合拍摄静止的对象，例如，山峦、树木、湖泊、建筑等。当然，在拍摄人像、动物时，如果被摄对象处于静止状态，也可以使用这种对焦模式。

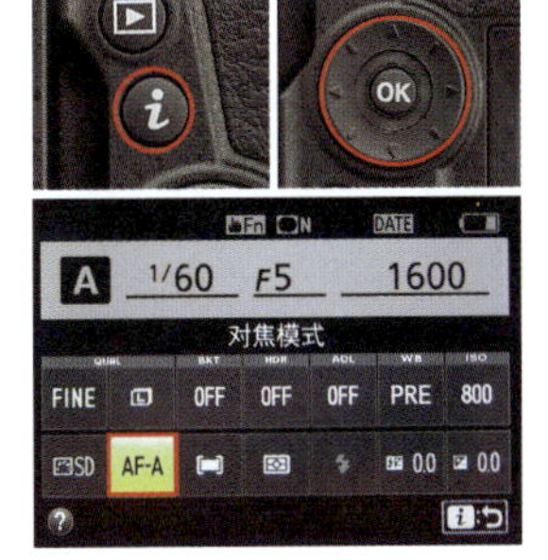

对于入门型相机而言，需按下info按钮开启显示屏信息显示，按下*i*按钮进入信息显示设置状态，按下▲▼◀▶方向键选择对焦模式图标并按下OK按钮确认，以显示AF-A、AF-S、AF-C等选项，然后按下◀或▶方向键选择其中一个选项

使用单次伺服自动对焦模式拍摄静止的对象，画面焦点清晰，构图也更加灵活，不用拘泥于仅有的对焦点

拍摄运动的对象选择连续伺服自动对焦模式（AF-C）

在拍摄运动中的鸟、昆虫、人等对象时，如果摄影爱好者还使用单次伺服自动对焦模式，便会发现拍摄的大部分画面都不清晰。对于运动的主体，在拍摄时，最适合选择连续伺服自动对焦模式。

在连续伺服自动对焦模式下，当摄影师半按快门合焦后，保持快门的半按状态，相机会在对焦点中自动切换以保持对运动对象的准确合焦状态，如果在这个过程中被摄对象的位置发生了较大的变化，只要移动相机使自动对焦点保持覆盖主体，就可以持续进行对焦。

拍摄正在起飞的鸟儿时，适合使用连续伺服自动对焦模式

拍摄动静不定的对象选择自动伺服自动对焦模式（AF-A）

越来越多的人因为家里有小孩子而购买单反相机，以记录小孩的日常，到真正拿起相机拍他们时，发现小孩子的动和静毫无规律可言，想要拍摄好太难了。

尼康单反相机针对这种无法确定拍摄对象是静止还是运动状态的拍摄情况，提供了自动伺服自动对焦模式。在此模式下，相机会自动根据拍摄对象是否运动来选择单次伺服自动对焦还是连续伺服自动对焦模式。

例如，在动物摄影中，如果所拍摄的动物暂时处于静止状态，但有突然运动的可能性，此时应该使用该自动对焦模式，以保证能够将拍摄对象清晰地捕捉下来。在人像摄影中，如果模特不是处于摆拍的状态，随时有可能从静止状态变为运动状态，也可以使用这种自动对焦模式。

儿童玩耍的状态无法确定规律，因此，可以使用自动智能自动对焦模式

选择对焦点的必要性与使用技巧

不管是拍摄静止的对象还是拍摄运动的对象，并不是说只要选择了相对应的自动对焦模式和自动对焦区域模式，便能成功拍摄了，在进行了这些操作之后，还要选择对焦点或对焦区域的位置。

例如，在拍摄摆姿人像时，需要将对焦点位置选择在人物眼睛处，使人物眼睛炯炯有神。如果拍摄人物处于树叶或花丛的后面，对焦点的位置很重要，如果对焦点的位置在树叶或花丛中，那么拍摄出来的照片人物会是模糊的，而如果将对焦点位置选择在人物上，那么拍摄出来的照片会是前景虚化的唯美效果。

同样的，在拍摄运动的对象时，也需要选择对焦区域的位置，因为不管是AF-C还是AF-A自动对焦模式，都是从选择的对焦区域开始追踪对焦拍摄对象的。

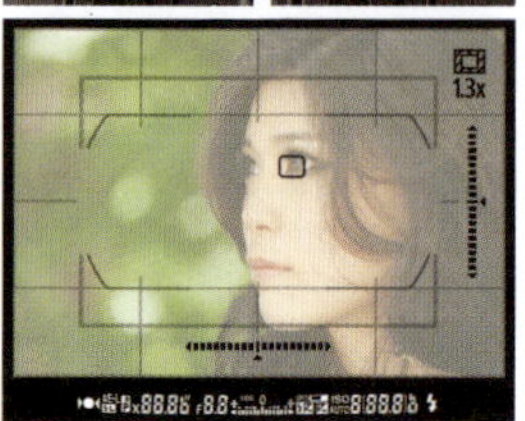

旋转对焦选择器锁定开关至 ● 位置，使用多重选择器即可调整对焦点的位置。对于入门型相机而言，选择好对焦区域模式后，直接使用多重选择器即可调整对焦点的位置。按下OK按钮则可以选择中央对焦点

选择对焦点对人物眼睛进行对焦，得到人物清晰、背景虚化的效果

8种情况下手动对焦比自动更好

虽然大多数情况下，使用自动对焦模式便能成功对焦，但在某些场景，需要使用手动对焦才能更好地完成拍摄。在下面列举的一些情况下，相机的自动对焦系统往往无法准确对焦，此时就应该切换至手动对焦模式，然后手动调节对焦环完成对焦。

手动对焦拍摄还有一个好处，在对某一物体进行对焦后，只要在不改变焦平面的情况下再次构图，则不需要再进行对焦，这样就节约了拍摄时间。

尼康中、高端相机是转动对焦模式选择器至M位置即可选择手动对焦模式。入门型相机则是将镜头上的对焦模式开关推M，即可切换至手动对焦模式

建筑物	低反差
现代建筑物的几何形状和线条经常会迷惑相机自动对焦系统，造成对焦困难。有经验的摄影师一般都采用手动对焦模式来拍摄	低反差是指被摄对象和背景的颜色或色调比较接近，例如，拍摄一片雪地中的白色雪人，使用自动对焦功能是很难对焦成功的

高对比	**背景占大部分画面**
当拍摄画面是对比强烈的明亮区域时，例如，在日落时，拍摄以纯净天空为背景、人物为剪影效果的画面，使用手动对焦模式对焦会比自动对焦模式好用	被摄主体在画面中较小，背景在画面较多，例如，一个小小的人站在纯净的红墙前，自动对焦系统往往不能准确、快速地对人物对焦，而切换到手动对焦，则可以做得又快又好

<table>
<tr><th>杂乱的场景</th><th>弱光环境</th></tr>
<tr><td>当拍摄场景中充满杂乱无章的物体，特别是当被摄主体较小，或者没有特定形状、大小、色彩、明暗时，例如，树林、挤满行人的街道等，在这样的场景中，想要成功对主体对焦，手动对焦就变得必不可少了
</td><td>当在漆黑的环境中拍摄时，例如，拍摄星轨、闪电或光绘，物体的反差很小，而对焦系统依赖物体的反差度进行对焦。除非使用对焦辅助灯或其他灯光照亮拍摄对象，否则，应该使用手动对焦来完成对焦操作
</td></tr>
<tr><th>微距题材</th><th>被摄对象前有障碍物</th></tr>
<tr><td>当使用微距镜头拍摄微距题材时，由于画面的景深极浅，使用自动对焦模式往往会跑焦，所以，使用手动对焦模式将焦点对准主体进行对焦，更能提高拍摄成功率
</td><td>如果被摄对象前方有障碍物，例如，拍摄笼子中的动物、花朵后面的人等，自动对焦就会对在障碍物而不是被摄对象上，此时使用手动对焦可以精确地对焦至主体
</td></tr>
</table>

4 招选好对焦位置

要想拍出好照片，选择对焦位置是关键。拍摄不同的场景、不同的景深，或者营造不同的意境，都需要选择不同的对焦位置。

要拍出整体清晰的泛焦效果	当主体未能成功对焦时
当拍摄整体画面都清楚的风光照片时，除了要缩小光圈、采用广角焦距拍摄外，其对焦位置一般都选择在画面的前 1/3 处，因为对焦点后的景深是之前的两倍。各种光圈和焦段组合都可以使用这个法则。同时要记住，光圈越小，焦距越短，距离被摄物体越远，景深就越大 	当主体不能成功对焦时，可以寻找相同距离的对象进行对焦。只要在不改变光圈、焦距及拍摄距离的情况下，保证对焦对象和主体处在相同的距离，那么便可以保证主体的清晰度 
慢速快门拍摄流水时	**近景和远景距离大时**
使用慢速快门拍摄流水时，应该将焦点对准在静止的对象上，例如，旁边的植物、岩石等，从而使整个场景在经过长时间曝光后，形成鲜明的动静对比 	当近景和远景距离大时，应将对焦位置选择在近景上。通常近景会比较大和抢眼，所以，最好能保持清晰，因此，应优先对焦 

快门释放模式与对焦功能的搭配使用

针对不同的拍摄任务，需要将快门设置为不同的快门释放模式。例如，要抓拍高速移动的物体，为了保证成功率，可以通过设置使摄影师按下一次快门能够连续拍摄多张照片。

尼康单反相机都提供了单张拍摄S、低速连拍CL、高速连拍CH、安静快门释放Q、安静连拍Qc、自拍⏲以及反光板弹起MUP 7 种快门释放模式。入门型相机还可以选择遥控延迟2s（遥控延迟 2 秒）及快速响应遥控（快速响应遥控）快门释放模式。

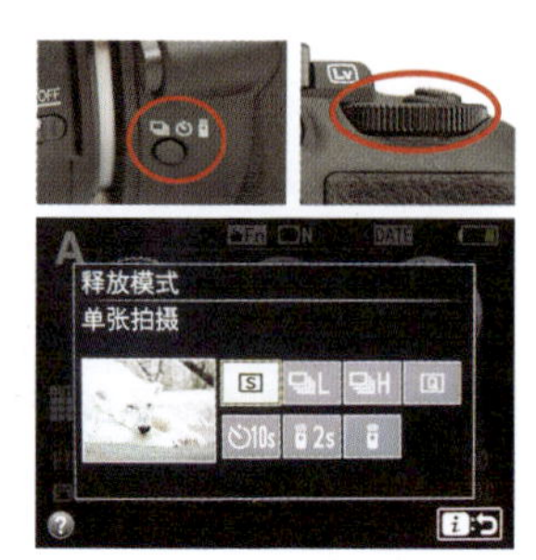

尼康入门型相机是按住（⏲/遥控）按钮并同时转动指令拨盘选择所需要的释放模式选项

单张拍摄

在此模式下，每次按下快门时都只能拍摄一张照片。单张拍摄模式常与单次伺服自动对焦模式配合使用，适合拍摄静态对象，如风光、建筑、静物等题材。

尼康中、高端相机是按下释放模式拨盘锁定解除按钮，并同时转动释放模式拨盘，使相应的快门释放模式图标对齐白色标志处

使用单张拍摄模式拍摄的各种题材列举

安静快门释放

安静快门释放模式的操作方法和拍摄题材与单张拍摄模式基本类似，在此模式下，对焦时相机不会发出蜂鸣音，并且在按下快门释放按钮时，反光板不会发出“咔嗒”声并退回通常位置，直至松开快门释放按钮后，反光板才会退回原位，从而可控制反光板发出“咔嗒”声的时机，使其比使用单张拍摄模式时更安静。因此，更适合在较安静的场所（如会议室、话剧舞台、博物馆）进行拍摄，或拍摄易于被相机声音惊扰的对象。

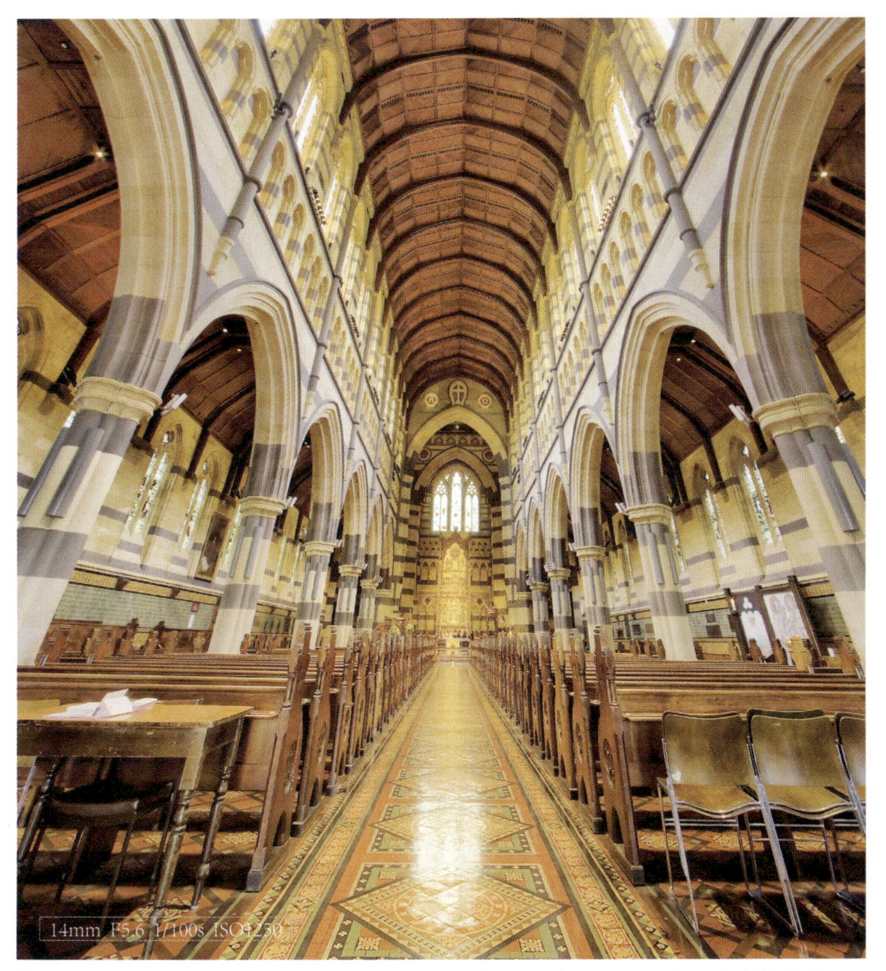

在拍摄神圣的教堂内景时，应使用安静快门释放模式拍摄，以尽量减少相机拍摄的声音，以免破坏教堂的安静感

连拍模式

在连拍模式下，每次按下快门时将连续进行拍摄，尼康相机除D3300级别的入门级相机外，其他相机都提供了高速连拍和低速连拍两种连拍模式。以D7500相机为例，其高速连拍的最高连拍速度约为8张/秒，低速连拍的最高连拍速度约为7张/秒，即在按下快门1秒的时间里，相机将连续拍摄约8张或7张照片。

连拍模式适合拍摄运动的对象，因而常与连续伺服自动对焦模式配合使用。当将被摄对象的瞬间动作全部抓拍下来以后，可以从中挑选最满意的画面。也可以利用这种拍摄模式，将持续发生的事件拍摄成为一系列照片，从而展现一个相对完整的过程。

除了有高速连拍和低速连拍模式外，还提供了安静连拍快门释放模式，在此模式下，相机将关闭蜂鸣进行连拍，连拍速度定为约3张/秒。

使用高速连拍模式拍摄的水中发球的动作

第10章 决定照片品质的3个因素之三——景深

什么是大景深与小景深？

举个最直接的例子，人像摄影中背景虚化的画面就是小景深画面，风光摄影中前后景物都清晰的画面就是大景深画面。

景深的大小与光圈、焦距及拍摄距离这 3 个要素密切相关。

当拍摄者与被摄对象之间的距离非常近，或者使用长焦距或大光圈拍摄时，就能得到很强烈的背景虚化效果；反之，当拍摄者与被摄对象之间的距离较远，或者使用小光圈或较短焦距拍摄时，画面的虚化效果则会较差。

另外，被摄对象与背景之间的距离也是影响背景虚化的重要因素。例如，当被摄对象距离背景较近时，使用 F1.4 的大光圈也不能得到很好的背景虚化效果；但当被摄对象距离背景较远时，即便使用 F8 的光圈，也能获得较强烈的虚化效果。

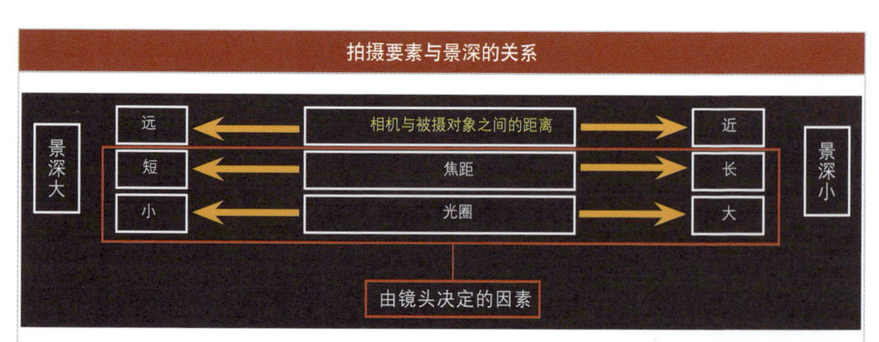

大景深效果的照片

小景深效果的照片

影响景深的因素——光圈

在日常拍摄人像、微距题材时，常设置大光圈以虚化背景，来有效地突出主体；而拍摄风景、建筑、纪实等题材时，常设置小光圈使画面中的所有景物都能清晰地呈现。

由此可知，光圈是控制景深（背景虚化程度）的重要因素。在相机焦距不变的情况下，光圈越大，则景深越小（背景越模糊）；反之，光圈越小，则景深越大（背景越清晰）。在拍摄时想通过控制景深来使自己的作品更有艺术效果，就要合理使用大光圈和小光圈。

105mm F2.8 1/50s ISO800

105mm F6.3 1/10s ISO800

105mm F20 1s ISO800

从这组照片中可以看出，当光圈从F2.8变化到F9时，照片的景深也逐渐变大，原本因使用了大光圈被模糊的花瓣，由于光圈逐渐变小而渐渐清晰起来

影响景深的因素——焦距

细心的摄影初学者会发现，在使用广角端拍摄时，即使将光圈设置得很大，虚化效果也不明显，而使用长焦端拍摄时，同样的光圈值，虚化效果明显比广角端好。由此可知，当其他条件相同时，拍摄时所使用的焦距越长，画面的景深就越浅（小），即可以得到更明显的虚化效果；反之，焦距越短，则画面的景深就越深（大），越容易得到前后都清晰的画面效果。

70mm F2.8 1/640s ISO100

140mm F2.8 1/640s ISO100

200mm F2.8 1/640s ISO100

从这组照片中可以看出，通过对使用不同的焦距拍摄的花卉进行对比可以看出，焦距越长则主体越清晰，画面的景深也越小

影响景深的因素——物距

拍摄距离对景深的影响

当镜头已被拉至长焦端，发现背景还是虚化不够，或者使用定焦镜头拍摄时，距离主体较远，也发现背景虚化不明显，那么，此时可以考虑走近拍摄对象拍摄，以加强小景深效果，在其他条件不变的情况下，拍摄者与被摄对象之间的距离越近，则越容易得到浅景深的虚化效果；反之，如果拍摄者与被摄对象之间的距离较远，则不容易得到虚化效果。

这一点在使用微距镜头拍摄时体现得更为明显，当离被摄对象很近时，画面中的清晰范围就变得非常浅。因此，在人像摄影中，为了获得较小的景深，经常采取靠近被摄者拍摄的方法。

右侧的一组照片是在所有拍摄参数都不变的情况下，只改变镜头与被摄对象之间的距离时拍摄得到的。通过这组照片可以看出，当镜头距离前景位置的蜻蜓越远时，其背景的模糊效果就越差；反之，镜头越靠近蜻蜓，则拍出画面的背景虚化效果就越好。

镜头距离蜻蜓100cm

镜头距离蜻蜓70cm

镜头距离蜻蜓40cm

背景与被摄对象的距离对景深的影响

有摄影初学者问，我在拍摄时使用的是长焦焦距、较大光圈值，距离主体也较近，但是为什么还是背景虚化得不明显？观看其拍摄的画面，原因在于主体离背景非常近。拍摄时，在其他条件不变的情况下，画面中的背景与被摄对象的距离越远，越容易得到浅景深的虚化效果；反之，如果画面中的背景与被摄对象位于同一个焦平面上，或者非常靠近，则不容易得到虚化效果。

右侧一组照片是在所有拍摄参数都不变的情况下，只改变被摄对象距离背景的远近拍出的。

通过这组照片可以看出，在镜头位置不变的情况下，玩偶距离背景越近，则背景的虚化程度就越低。

玩偶距离背景20cm

玩偶距离背景10cm

玩偶距离背景0cm

第11章

掌握构图与用光技巧

画面的主要构成

画面主体

在一幅照片中，主体不仅承担着吸引观者视线的作用，同时也是表现照片主题含义最重要的部分，而主体以外的元素，则应该围绕着主体展开，作为突出主体或表现主题的陪衬。

从内容上来说，主体可以是人，也可以是物，甚至可以是一个抽象的对象，而在构成上，点、线与面也都可以成为画面的主体。

105mm F5 1/250s ISO200

使用大光圈虚化了背景，在小景深的画面中蝴蝶非常醒目

画面陪体

陪体在画面中并非必需的，但恰当地运用陪体可以让画面更为丰富，渲染不同的气氛，对主体起到解释、限定、说明的作用，有利于传达画面的主题。

有些陪体，并不需要出现在画面中，通过主体发出的某种“信号”，能让观者感觉到画面以外陪体的存在。

70mm F2.8 1/200s ISO100

拍摄人像时以花束作为陪体，来衬托模特的娇美可爱，同时也丰富了画面的色彩

画面环境

我们通常所说的环境，就是指照片的拍摄时间、地点等。而从广义角度来说，环境又可以理解成为社会类型、民族及文化传统等，无论是哪种层面的环境因素，主要用于烘托主题，进一步强化主题思想的表现力，并丰富画面的层次。

相对于主体来说，位于其前面的即可理解为前景，而位于主体后面的则称为背景，从作用上来说，它们是基本相同的，都用于陪衬主体或表明主体所处的环境。

只不过我们通常都采用背景作为表现环境的载体，而采用前景则相对较少。需要注意的是，无论是前景还是背景，都应该尽量简洁——简洁并非简单，前景或背景的元素可以很多，但不可杂乱无章，影响主体的表现。

画面主体　　画面背景　　画面前景

景别

景别是影响画面构图的另一重要因素。景别是指由于镜头与被摄体之间距离的变化，造成被摄主体在画面中所呈现出的范围大小的区别。

特写

特写可以说是专门为刻画细节或局部特征而使用的一种景别，在内容上能够以小见大，而对于环境，则表现得非常少，甚至完全忽略。

需要注意的是，正因为特写景别是针对局部进行拍摄的，有时甚至会达到纤毫毕现的程度，因此对拍摄对象的要求会更为苛刻，以避免细节的不完美，影响画面的效果。

利用长焦镜头表现角楼的细节，突出了其古典的结构特点

近景

采用近景景别拍摄时，环境所占的比例非常小，对主体的细节层次与质感表现较好，画面具有鲜明、强烈的感染力。如果以人体来衡量，近景拍摄主要拍摄人物胸部以上的身体区域。

170mm F10 1/250s ISO100

利用近景表现角楼可以很好地突出其局部的结构特点

中景

中景通常是指选取拍摄主体的大部分，从而对其细节表现得更加清晰，同时，画面中也会拥有一些环境元素，用以渲染整体气氛。如果以人体来衡量，中景拍摄主要拍摄人物上半身至膝盖左右的身体区域。

中景画面中的角楼，可以看出其层层叠叠的建筑结构，很有东方特色

全景

全景是指以拍摄主体作为画面的重点，而主体则全部显示于画面中，适用于表现主体的全貌，相比远景更易于表现主体与环境之间的密切关系。例如，在人物肖像摄影中运用全景构图，既能展示出人物的行为动作、面部表情与穿着等，也可以从某种程度上来表现人物的内心活动。

利用全景很好地表现了角楼整体的结构特点

远景

远景拍摄通常是指在拍摄的主体以外，还包括更多的环境因素。远景在渲染气氛、抒发情感、表现意境等方面具有独特的效果，具有广阔的视野，在气势、规模、场景等方面的表现力更强。

利用广角镜头表现了角楼和周围的环境，画面看起来很有气势

经典构图样式

水平线构图

水平线构图能使画面向左右方向产生视觉延伸感，增加画面的视觉张力，给人以宽阔、宁静、稳定之感。在拍摄时可根据实际拍摄对象的具体情况安排和处理画面的水平线位置。

如果天空较为平淡，可将水平线安排在画面的上 1/3 处的位置，着重表现画面下半部分的景象，例如有小舟划过、飞鸟掠过、游禽浮过的波光粼粼的水面，或有满山野花、嶙峋山石的地面等。

利用高水平线构图很好地表现了水面，而长长的阳光倒影，更加增强了画面的纵深感

反之，如果天空中有变幻莫测、层次丰富、光影动人的云彩，可将画面的表现重点集中在天空，此时可调整画面中的水平线，将其放置在画面的下 1/3 处，从而使天空的面积在画面中比较大。

通过移动相机将地平面的交界线置于画面下部，很好地表现了天空中绚丽的晚霞，画面看起来非常壮观

除此之外，摄影爱好者还可以将水平线放置在画面的中间位置，以均衡对称的画面形式展现开阔、宁静的画面效果，此时地面或水面与天空各占画面的一半。使用这样的构图形式时，要注意水平线上下方的景物最好具一定的对称性，从而使画面比较平衡。

将水平线置于画面的中间位置，同时表现了乌云密布的天空与金黄色的沙滩和蔚蓝的海水

垂直线构图

垂直线构图也是基本的构图方法之一，可以利用树木和瀑布等呈现的自然线条变成垂直线的构图。在想要表现画面的延伸感时使用此构图是非常有利的，同时要稍做改变，让连续垂直的线条在长度上有所不同，这样就会使画面增添更多的节奏感。

以垂直线构图表现树木的高大挺拔，将其生机勃勃的感觉表现得很好

斜线构图

斜线构图能使画面产生动感，并沿着斜线的两端产生视觉延伸，加强了画面的纵深感。另外，斜线构图打破了与画面边框相平行的均衡形式，与其产生势差，从而使斜线部分在画面中被突出和强调。

拍摄时，摄影师可以根据实际情况，刻意将在视觉上需要被延伸或者被强调的拍摄对象处理成为画面中的斜线元素加以呈现。

斜放着的两枝花瓣形成了斜线构图，画面形式感强且具有动感

S 形构图

S 形构图能够利用画面结构的纵深关系形成 S 形，因此其弯转、屈伸所形成的线条变化，能使观者在视觉上感到趣味无穷。在风光摄影领域，常用于拍摄河流、蜿蜒的路径等题材，在视觉顺序上对观者的视线产生由近及远的引导。在人像摄影领域，常用于表现女性曼妙的身材，诱使观者按 S 形顺序，深入到画面中，给被拍摄对象增添圆润与柔滑的感觉，使画面充满动感和趣味性。

利用S形构图来表现女孩，更能凸显其优美的身姿

三角形构图

三角形构图是指由人物主体的形体或形体组合在画面中形成三角形。三角形构图是人像摄影中常用的一种构图方式，三角形构图是使画面均衡的有效方法，往往给人平稳、大方、稳定的感觉。另外，还有一些延伸的三角形构图，例如倒三角形构图、虚三角形构图和多个三角形叠加构图。不同的三角形构图给人的视觉感受也不尽相同。

以三角形构图拍摄山峦，将其稳定、壮观的感觉表现得很好

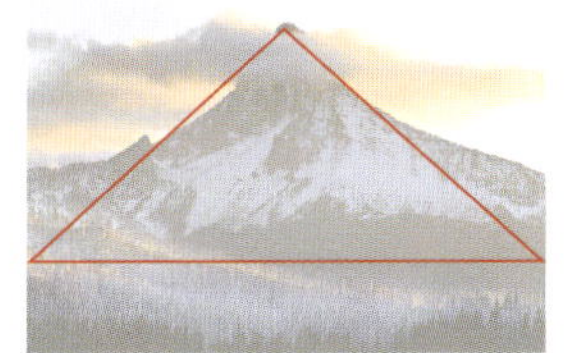

透视牵引构图

透视牵引构图能将观者的视线及注意力有效地牵引、聚集在整个画面中的某个点或线上，形成一个视觉中心。它不仅对视线具有引导作用，而且还可以大大加强画面的视觉延伸性，增加画面空间感。

使用广角镜头拍摄地铁隧道，画面呈现出近大远小的效果，铁轨的线条及墙壁上的线条形成透视牵引线，有引导观者视线的作用

画面中相交的透视线条所成的角度越大，画面的视觉空间效果则越显著。因此在拍摄时，摄影师所选择的镜头、拍摄角度等都会对画面透视效果产生相应的影响，例如，镜头视角越广，越可以将前景尽可能多地纳入画面，从而加大画面最近处与最远处的差异对比，获得更大的画面空间深度。

三分法构图

三分法构图是比较稳定、自然的构图。把主体放在三分线上，可以引导视线更好地注意到主体。

这种构图法则一直以来被各种风格的摄影师广泛地使用，当然，如果所有的摄影都采用这样的构图方法也就没有趣味可言了。倘若适时地破坏三等分的原则，灵活地使用不平衡的构图，反而会得到意想不到的画面。

三分法构图不仅使用方便，且画面效果也很舒服

散点式构图

散点式构图就是以分散的点状形象构成画面，就像一些珍珠散落在银盘里，使整个画面中的景物既有聚又有散，既存在不同的形态，又统一在照片中的背景中。

散点构图最常见的拍摄题材，是用俯视的角度表现地面的牛羊马群，或草地上星罗棋布的花朵。

逆光下拍摄鸟群，以剪影的形式表现形态各异的飞鸟，结合鸟群斜上方的飞行趋势，画面很有动感

对称式构图

对称式构图是指画面中的两部分景物以某一根线为轴，在大小、形状、距离和排列等方面相互平衡、对等的一种构图形式。

现实生活中的许多事物具有对称的结构，如人体、宫殿、寺庙、鸟类和蝴蝶的翅膀等，因此摄影中的对称构图实际上是对生活美的再现。

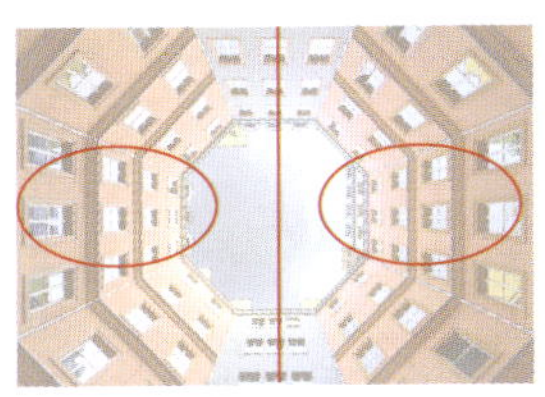

仰视拍摄有天井的建筑物，使其在画面中形成了左右对称式构图

使用对称构图拍摄的照片常给人一种谐调、平静和秩序感，在拍摄那些本身对称的建筑或其他景物时常用，拍摄时常采用正面拍摄角度，例如拍摄寺庙或其他古代建筑，以展现其庄严、雄伟的内部对称式结构。除了利用被拍摄对象自身具有的对称结构进行构图外，也可以利用水面的倒影进行对称构图，这种手法在拍摄湖面或其他的水面时常用。

利用镜面对称的形式表现了湖水的宁静感

框式构图

框式构图是指借助于被摄对象自身或者被摄对象周围的环境，在画面中制造出框形的构图样式，以利于将观者的视点“框”在主体上，使之得到观者的特别关注。

在具体的拍摄中,“框”的选择主要取决于其是否能将观者的视点“框取”在主体物之上，而并不一定是封闭的框状，除了使用门、窗等框形结构外，树枝、阴影等开放的、不规则的“框”也常被应用到框式构图中。

框式构图特别适合于表现一种观察感，能使观者切身感受到自己仿佛就置身于“框”的这一侧向另一侧观看，而且还能够在画面中交代更多的环境层次关系，产生一种山外有山的感觉，丰富了画面视觉效果。

拍摄风光时，利用自然形成的框作为前景，可以起到汇聚视线的作用

光的属性

直射光

光源直接照射到被摄体上，使被摄体受光面明亮、背光面阴暗，这种光线就是直射光。

直射光照射下的对象会产生明显亮面、暗面与投影，所以会表现出强烈的明暗对比。当以直射光照明被摄对象时，有利于表现被摄体的结构和质感，因此是建筑摄影、风光摄影的常用光线之一。

直射光下拍摄的山峦，明暗反差对比强烈，线条硬朗，画面有力量

散射光

散射光是指没有明确照射方向的光，例如阴天、雾天时的天空光或者添加柔光罩的灯光，水面、墙面、地面反射的光线也是典型的散射光。散射光的特点是照射均匀，被摄体明暗反差小，影调平淡柔和，能较为理想地呈现出细腻且丰富的质感和层次。与此同时，也会带来被摄对象体积感不足的负面影响。

利用散射光拍摄的照片色调柔和，明暗反差较小，画面整体效果素雅洁净

光的方向

光线的方向在摄影中也被称为光位，指光源位置与拍摄方向所形成的角度。当不同方向的光线投射到同一个物体上时，会形成6种在摄影时要重点考虑的光位，即顺光、侧光、前侧光、逆光、侧逆光和顶光。

顺光

顺光也称为“正面光”，指光线的投射方向和拍摄方向相同的光线。在这样的光线下，被摄体受光均匀，景物没有大面积的阴影，色彩饱和，能表现丰富的色彩效果。但由于没有明显的明暗反差，所以对于层次和立体感的表现较差。

顺光拍摄的画面，虽然较好地表现了体积与颜色，但层次表现一般

侧光

侧光是所有光线位置中最常见的一种，侧光光线的投射方向与拍摄方向所成夹角大于0°而小于90°。在侧光下拍摄，被摄体的明暗反差、立体感、色彩还原、影调层次都有较好的表现。其中又以45°的侧光最符合人们的视觉习惯，因此是一种最常用的光位。

使用侧光拍摄的山峦，可以使山峦看起来更立体，画面的层次感也更强

前侧光

前侧光是指光投射的方向和相机的拍摄方向呈 45° 角左右的光线。在前侧光条件下拍摄的物体会产生部分阴影，明暗反差比较明显，画面看起来富有立体感。因此，这种光位在摄影中比较常见。另外，前侧光可以照亮景物的大部分范围，在曝光控制上也较容易掌握。

无论是在人像摄影、风光摄影中，还是在建筑摄影等摄影题材中，前侧光都有较广泛的应用。

利用前侧光拍摄人像，可使其大面积处于光线照射下，从画面中可看出，模特肤质明亮，五官很有立体感

逆光

逆光也称为背光，光线照射方向与拍摄方向相反，因为能勾勒出被摄物体的亮度轮廓，所以又被称为轮廓光。逆光下拍摄需要对所拍摄的对象进行补光，否则拍出的照片立体感和空间感将被压缩，甚至成为剪影。

逆光拍摄的画面中，粉色的荷花呈半透明状且纹理清晰，在画面中很突出

侧逆光

侧逆光通俗来讲就是后侧光，是指光从被摄对象的后侧方投射而来。采用侧逆光拍摄可以使被摄景物同时产生侧光和逆光的效果。

如果画面中包含的景物比较多，靠近光源方向的景物轮廓就会比较明显，而背向光源方向的景物则会有较深的阴影，这样一来，画面中就会呈现出明显的明暗反差，产生较强的立体感和空间感，应用在人像摄影中能产生与背景分离的效果。

使用侧逆光拍摄山峦时，山体被表现为半剪影的效果，阴影处还有一些细节，使得画面的层次感很强

顶光

顶光是指照射光线来自于被摄体的上方，与拍摄方向成 90° 夹角，是戏剧用光的一种，在摄影中单独使用的情况不多。尤其是在拍摄人像时，会在被摄对象的眉弓、鼻底及下颌等处形成明显的阴影，不利于表现被摄人物的美感。

顶光下拍摄的花朵由于明暗差距较大，因此看起来光感强烈，配合大光圈的使用，画面主体突出，且明亮、干净

光比的概念与运用

光比是指被摄物体受光面亮度与阴影面亮度的比值，是摄影的重要参数之一。光比还指被摄对象相邻部分的亮度之比，或被摄体主要部位亮部与暗部之间的反差。光比大，反差就大；光比小，反差就小。

光比的大小，决定着画面明暗的反差，使画面形成不同的影调和色调。拍摄时巧用光比，可有效地表达被摄体“刚”与“柔”的特性。例如拍摄女性、儿童常用小光比，拍摄男性、老人常用大光比。所以，我们可以根据想要表现的画面效果来合理地控制画面的光比。

使用大光比塑造人像，通常用于强化人物性格表现、营造画面氛围，画面中的女孩看起来很有时尚感

光比较小的人像照片能够较好地表现出模特柔美的肤质和细腻的女性气质

第12章
美女、儿童摄影技巧

逆光小清新人像

小清新人像以高雅、唯美为特点，表现出了一些年轻人的审美情趣，而成为热门人像摄影风格。当小清新碰上逆光，会让画面显得更加唯美，不少户外婚纱照及写真都是这类风格。

逆光小清新人像的主要拍摄要点有：❶模特的造型、服装搭配；❷拍摄环境的选择；❸拍摄时机的选择；❹准确测光。掌握这几个要点就能轻松拍好逆光小清新人像，下面详细讲解。

50mm F2.8 1/1250s ISO200

以绿树为背景，逆光照在模特身上，形成唯美的轮廓光，模特简单的摆姿让画面非常简洁、自然

1. 选择淡雅服装

选择颜色淡雅、质地轻薄带点层次的服饰，同时还要注意鞋子、项链、帽子配饰的搭配。模特妆容以淡妆为宜，发型则以表现出清纯、活力的一面为主，总之，以能展现少女风为原则。

50mm F2.8 1/1250s ISO200

模特身着白裙子，与侧逆光形成的暖色色调非常和谐

2. 选择合适的拍摄地点

可以选择如公园花丛、树林、草地、海边等较清新、自然的环境作为拍摄地点。在拍摄时可以利用花朵、树叶、水的色彩来营造小清新感。

3. 如何选择拍摄时机

一般逆光拍小清新人像的最佳时间是：夏天下午四点半到六点半，冬天下午三点半到五点，这个时间段的光线比较柔和，能够拍出干净柔和的画面。同时还要注意空气的通透度，如果是雾蒙蒙的，则拍摄出来的效果不佳。

4. 构图

在构图时注意选择简洁的背景，背景中不要出现杂乱的物体，并且背景中颜色也不要太多，不然会显得太乱。

树林、花丛不但可以用作背景，也可以用作前景，通过虚化来增加画面的唯美感。

5. 设置曝光参数

将拍摄模式设置为光圈优先模式，设置光圈值 F1.8~F4，以获得虚化的背景。感光度设置为 ISO100~ISO200，以获得高质量的画面。

选择光圈优先模式

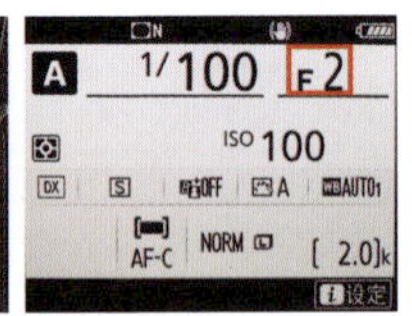

设置光圈值

逆光下席地而坐的情侣被夕阳光笼罩，拍摄出来的画面唯美且温暖

6. 对人物补光及测光

逆光拍摄时，人物会显得较暗，此时需要使用银色反光板摆在人物的斜上方对人脸进行补光（如果是暖色的夕阳光，则使用金色反光板），以降低人脸与背景光的反差。

将测光模式设置为中央重点测光模式，靠近模特或使用镜头拉近，以脸部皮肤为测光区域半按快门进行测光，得到数据后按下曝光锁定按钮锁定曝光。

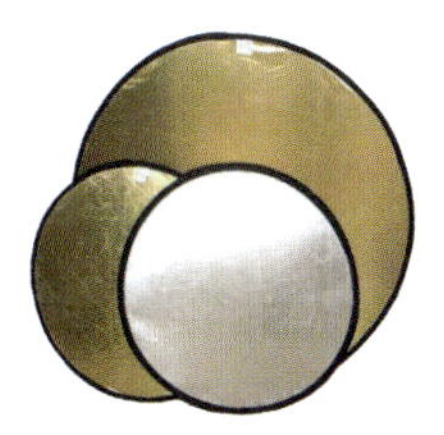

金色和银色反光板

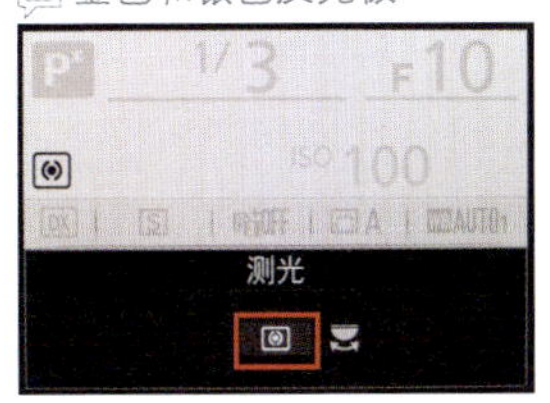

选择中央重点测光模式

按下曝光锁定按钮锁定曝光

7. 重新构图并拍摄

在保持按下曝光锁定按钮的情况下，通过改变拍摄距离或焦距重新构图，并对人物半按快门对焦，对焦成功后按下快门进行拍摄。

提示：建议使用RAW格式存储照片，这样即使在曝光方面有点不理想，也可以很方便地通过后期优化。

以绿草地为背景，侧逆光拍摄，光线照在模特身上，形成唯美的轮廓光，模特撩起一缕头发轻轻地吹，画面清新、自然

阴天环境下的拍摄技巧

阴天环境下的光线比较暗，容易导致人物缺乏立体感。但从另一个角度来说，阴天环境下的光线非常柔和，一些本来会产生强烈反差的景物，此时在色彩及影调方面也会变得丰富起来。我们可以将阴天视为阳光下的阴影区域，只不过环境要更暗一些，但配合一些解决措施还是能够拍出好作品的。

1. 使用大光圈拍摄

由于环境光线较暗，需要使用大光圈值拍摄以保证曝光量，推荐使用光圈优先模式，设置光圈值 F1.8~F4（根据镜头所能达到的光圈值而设）。

选择光圈优先模式

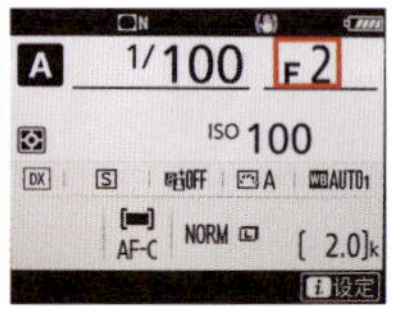

设置光圈值

2. 注意安全快门和防抖

如果已经使用了镜头的最大光圈值，仍然达不到安全快门的要求，此时可以适当调高 ISO 感光度数值，可以设置 ISO200~ISO500，如果镜头支持，还可以打开防抖功能。必要时可以使用三脚架保持相机的稳定。

设置ISO感光度

开启防抖功能

在阴天柔和的光线下拍摄时，利用反光板补光，使模特的皮肤显得非常娇嫩，画面更清爽

提示：如果在拍摄时实在无法把握曝光参数，那么宁可让照片略有些欠曝，也不要曝光过度。因为在阴天情况下，光线的对比不是很强烈，略微的欠曝不会有“死黑”的情况，我们可以通过后期处理进行恢复（会产生噪点）。

3. 恰当构图以回避瑕疵

阴天时的天空通常比较昏暗、平淡，因此在拍摄时，应注意尽量避开天空，以免拍出一片灰暗的图像或曝光过度的纯白图像，影响画面的质量。

拍摄第一张时，由于地面与天空的明暗差距大，因此画面中天空的部分苍白一片；拍摄第二张时降低了拍摄角度，避开了天空，仅以地面为背景，得到整体层次细腻的画面

4. 巧妙安排模特着装与拍摄场景

阴天时环境比较灰暗，因此最好让模特穿上色彩比较鲜艳的衣服，而且在拍摄时，应选择相对较暗的背景，这样会使模特的皮肤显得更白嫩一些。

在花丛的衬托下，身着红色裙子的女孩显得更加娇俏动人

5. 用曝光补偿提高亮度

无论是否打开闪光灯，都可以尝试增加曝光补偿，以增强照片的亮度。

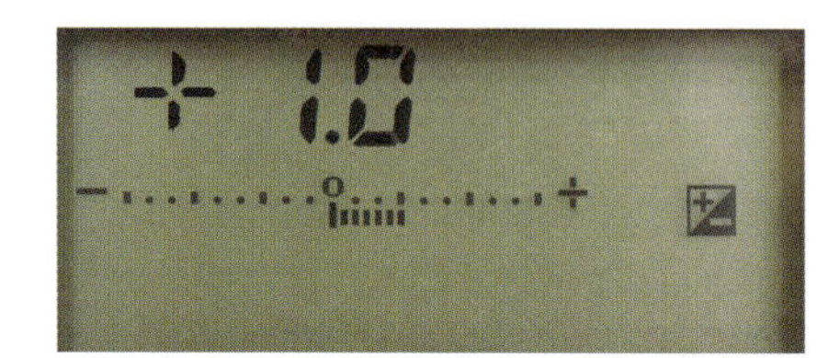

由于阴天里的光线较暗，因此在拍摄时增加了曝光补偿，得到的画面中女孩的皮肤看起来很白皙、细腻

6. 切忌曝光过度

如果画面曝光过度，在层次本来就不是很明显的情况下，可能会产生完全的“死白”，这样的区域在后期处理中也无法恢复。

在拍摄时稍微“欠曝”一点，可以通过后期调整提亮画面，这样能减少细节损失

如何拍摄跳跃照

单纯与景点或同伴合影，已经显得不够新颖了，年轻人更喜欢创新一点的拍摄形式，跳跃照就是其中之一。在拍摄跳起来的照片时，如果看到别人的画面都很精彩，而自己的照片中人物跳得很低，甚至像“贴”在地面上一样，不要怪自己或同伴不是弹跳高手，其实这只是拍摄角度的问题，只要改变拍摄的角度，就有可能拍出一张“跳跃云端”的画面。

1. 选择合适的拍摄角度

拍摄时摄影师要比跳跃者的位置低一点，这样才会显得跳跃者跳得很高。

千万注意不可以以俯视角度拍摄，这样即使被拍摄者跳得很高，拍摄出来的效果也显得和没跳起来一样。

以俯视角度拍摄，可以看出跳跃效果不佳

拍摄者躺在地上，以超低角度拍摄

2. 模特注意事项

被拍摄者在跳跃前，应该稍微侧一下身体，以 45° 角面对相机，在跳跃时，小腿应该向后收起来，这样相比小腿直直地跳，感觉上会跳得高一点。当然，也可以自由发挥跳跃的姿势，总体原则以腿部向上或水平方向伸展为宜。

3. 构图

构图时，画面中最好不出现地面，这样可以让观者猜不出距离地面究竟有多高，就能给人一种很高的错觉。

需要注意的是，不管是横构图还是竖构图，都要在画面的上方、左右留出一定的空间，否则模特起跳后，有可能身体会跃出画面。

构图时预留的空间不够，导致模特的手在画面之外了

4. 设置连拍模式

跳起来的过程只有1~2秒钟，须采用连拍模式拍摄。将相机的快门释放模式设置为连拍（如果相机支持高速连拍，则设置该选项）。

个 尼康D7500相机的两种连拍模式

5. 设置拍摄模式和感光度

由于跳跃时人物是处于运动状态，所以适合使用快门优先模式拍摄，为了保证人物动作被拍摄清晰，快门速度最低要设置到1/500s，越高的快门速度效果越好。感光度则要根据测光来决定，在光线充足的情况下ISO100~ISO200即可。如果测光后快门速度达不到1/500s，则要增加ISO感光度值，直至达到所需的快门速度为止。

6. 设置对焦模式和测光模式

拍摄时，将对焦模式设置为连续伺服自动对焦（AF-C）；自动对焦区域模式设置为自动选择模式即可。

在光线均匀的情况下，将测光模式设置为矩阵测光，如果是拍摄剪影类的跳跃照，则设置为点测光。

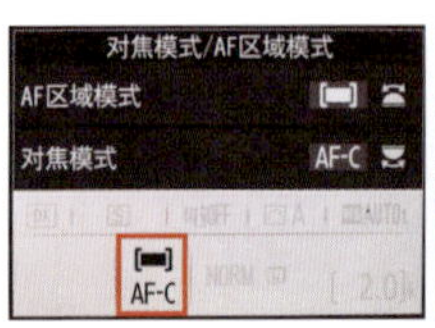

设置自动对焦模式

设置测光模式

7. 拍摄

拍摄者对场景构图后，让模特就位，在模特静止的状态下，半按快门进行一次对焦，然后喊：1、2、3跳，在“跳”字出口的瞬间，模特要起跳，拍摄者则按下快门不放进行连续拍摄。完成后回看照片，查看照片的对焦、取景、姿势及表情是否达到预想，如果效果不佳，可以再重拍，直至满意为止。

模特如同跳动的精灵一般，显得活泼、可爱

日落时拍摄人像的技巧

不少摄影爱好者都喜欢在日落时分拍摄人像，却很少有人能够拍好。日落时分拍摄人像主要是拍成两种效果，一种是人像剪影的画面效果，另一种是人物与天空都曝光合适的画面效果，下面介绍详细拍摄步骤。

1. 选择纯净的拍摄位置

拍摄日落人像照片，应选择空旷无杂物的环境，取景时避免天空或画面中出现杂物，这一点对于拍摄剪影人像效果尤为重要。

2. 设置小光圈拍摄

将相机的拍摄模式设置为光圈优先模式，并设置光圈值为 F5.6~F10 的中、小光圈值。

选择光圈优先模式

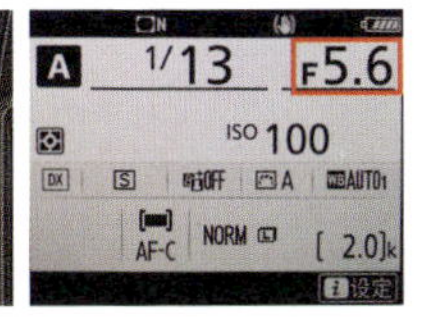

设置光圈值

3. 设置低感光度值

日落时天空中的光线强度足够满足画面曝光需求，因此感光度设置在 ISO100~ISO200 即可，以获得高质量的画面。

4. 设置点测光模式

不管是拍摄剪影人像效果，还是人景都曝光合适的画面，都是使用点测光模式进行测光。在相机上选择适合构图的一个对焦点，对准夕阳旁边的天空测光（拍摄人、景都曝光合适的，需要在关闭闪光灯的情况下测光），然后按下曝光锁按钮锁定画面曝光。

选择点测光模式

按下曝光锁定按钮锁定曝光

针对天空进行测光，将前景的骑车人处理成剪影效果，在简洁的天空衬托下骑车人非常突出

5. 新构图并拍摄

如果是拍摄人物剪影效果，可以在保持按下曝光锁定按钮的情况下，通过改变焦距或拍摄距离重新构图，并对人物半按快门对焦，对焦成功后按下快门进行拍摄。

6. 对人物补光并拍摄

如果是拍摄人物和景物都曝光合适的画面效果，在测光并按下曝光锁定按钮后，重新构图并打开外置闪光灯，设置为高速同步闪光模式，半按快门对焦，完全按下快门进行补光拍摄。

提示：曝光锁定的详细讲解见本书第8章内容。
步骤6中，需要使用支持闪光同步功能的外置闪光灯拍摄，因为对天空测光所得的快门速度必然会高于相机内置闪光灯或普通闪光灯的同步速度。
如果购有外置闪光灯柔光罩，则在拍摄时将柔光罩安装上，以柔化闪光效果。

绚丽的火烧云与女孩桀骜的气质很相符

夜景人像的拍摄技巧

也许不少摄影初学者在提到夜间人像的拍摄时，首先想到的就是使用闪光灯。没错，夜景人像的确是要使用闪光灯，但也不是仅仅使用闪光灯如此简单，要拍好夜景人像还得掌握一定的技巧。

尼康大光圈定焦镜头

相机安装上外置闪光灯后示例

1. 拍摄器材与注意事项

拍摄夜景人像照片，在器材方面可以按照下面所讲的进行准备。

❶镜头。适合使用大光圈定焦镜头拍摄，大光圈镜头的进光量多，在手持拍摄时，比较容易达到安全快门速度。另外，大光圈镜头能够拍出唯美虚化背景效果。

❷三脚架。由于快门速度较慢，必需使用三脚架稳定相机拍摄。

❸快门线或遥控器。建议使用快门线或遥控器进行释放快门拍摄，避免手指按下快门按钮时相机震动而使画面现象。

❹外置闪光灯。能够对画面进行补光拍摄，相比内置闪光灯，可以进行更灵活的布光。

❺柔光罩。将柔光罩安装在外置闪光灯上，可以让闪光光线变得柔和，以拍出柔和的人像照片。

❻模特服饰方面，应避免穿着深色的服装，不然人物容易与环境融为一体，使画面效果不佳。

外置闪光灯的柔光罩

虽然使用大光圈将背景虚化，可以很好地突出人物主体，但由于人物穿的是黑色服装，很容易融进暗夜里

使用闪光灯拍摄夜景人像时，设置了较低的快门速度，得到的画面中背景变亮，看起来更美观

2. 选择适合的拍摄地点

应选择环境较亮的地方，这样拍摄出来的夜景人像，夜景的氛围会比较明显。

如果拍摄环境光补光的夜景人像照片，则选择有路灯、大型的广告灯箱、商场橱窗等地点，通过靠近这些物体发出的光亮来对模特脸部补光。

3. 使用大光圈拍摄

将拍摄模式设置为光圈优先模式，并设置光圈值为 F1.2~F4 的大光圈，以虚化背景，这样夜幕下的灯光可以形成唯美的光斑效果。

4. 设置感光度数值

利用环境灯光对模特补光的话，通常需要提高感光度数值，来使画面获得标准曝光和达到安全快门。建议设置在 ISO400~ISO1600 之间（高感较好的相机可以适当提高感光度。此数值范围基于手持拍摄，使用三脚架拍摄时可适当降低）。

而如果是拍摄闪光夜景人像，将感光度设置在 ISO100~ISO200 即可，以获得较慢的快门速度（如果测光后得到的快门速度低于 1s，则要提高感光度数值了）。

设置感光度值

5. 设置测光模式

如果是拍摄环境光补光的夜景人像，适合使用中央重点测光模式，对人脸半按快门进行测光。

如果拍摄闪光夜景人像，则使用矩阵测光模式，对画面整体进行测光。

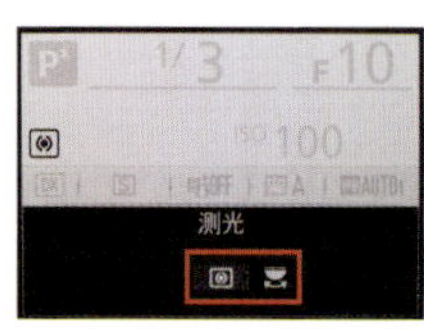

选择中央重点测光模式

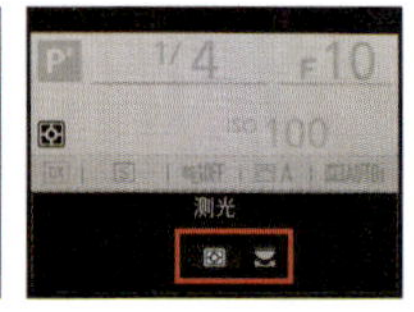

选择矩阵测光模式

使用中央重点测光模式对人脸进行测光，人物面部得到准确曝光

6. 设置闪光同步模式

将相机的闪光模式设置为慢速闪光同步类的模式，以使人物与环境都得到合适的曝光（可选择为慢同步、慢后帘同步或后帘同步模式）。

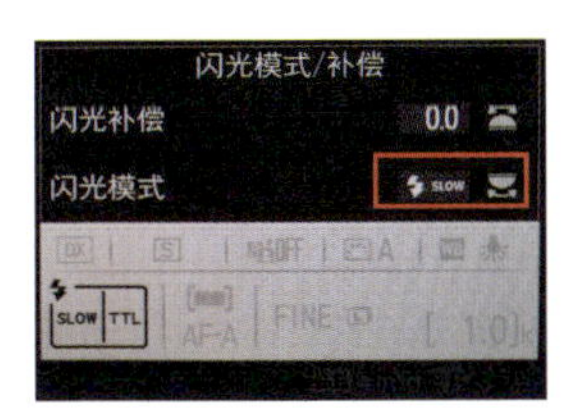

尼康D7500相机设置闪光模式菜单界面

7. 设置闪光控制模式

如果是拍摄闪光夜景人像，则需要在闪光灯控制菜单中，将闪光控制模式设置为 TTL 选项。

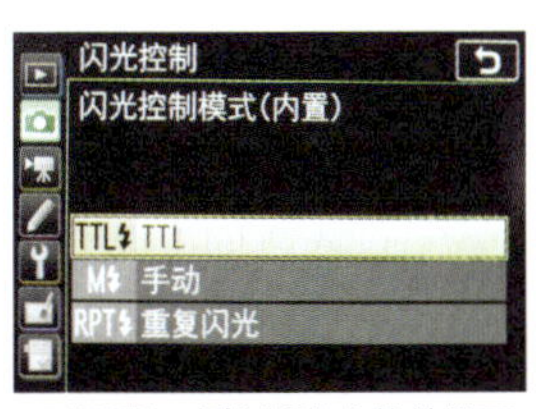

设置闪光控制模式菜单界面

使用后帘同步闪光模式拍摄，可以使背景模糊而人物清晰，由于运动生成的光线拖尾在实像的后面，看上去更真实自然

8. 设置对焦和对焦区域模式

将对焦模式设置为单次伺服自动对焦模式，自动对焦区域模式设置为单点，在拍摄时使用单个自动对焦点对人物眼睛进行对焦。

9. 设置曝光补偿或闪光补偿

设定好前面的一切参数后，可以试拍一张，然后查看曝光效果，通常是要再进行曝光补偿或闪光补偿操作的。

在拍摄环境光的夜景人像照片时，一般是需要再适当增加 0.3~0.5EV 的曝光补偿。在拍摄闪光夜景人像照片时，由于是对画面整体测光的，通常会存在偏亮的情况，因此需要适当减少 0.3~0.5EV 的曝光补偿。

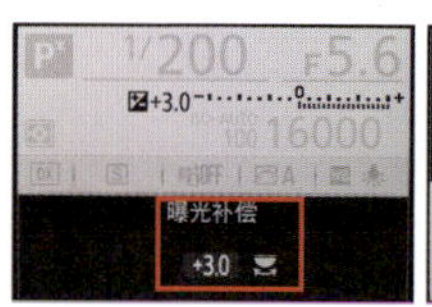

相机设置曝光补偿的界面

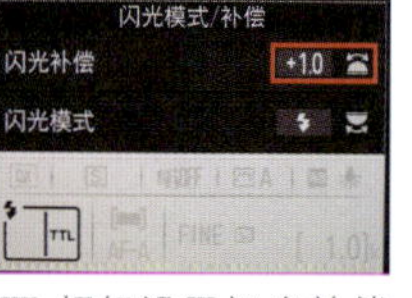

相机设置闪光补偿的界面

提示：前帘同步与后帘同步都属于慢速闪光同步的一种。前帘同步是指在相机快门刚开启的瞬间就开始闪光，这样会在主体的前面形成一片虚影，形成人物好像是后退的动感效果。
与前帘同步不同的是，使用后帘同步模式拍摄时，相机将先进行整体曝光，直至完成曝光前的一瞬间进行闪光。
所以，如果是拍摄静止不动的人像照片，模特必须等曝光完成后才可以移动。

利用路灯和LED小灯珠为模特进行补光

利用公园草地中的地灯照亮模特，拍摄出唯美的夜景人像

趣味创意照

照片除了可以拍得美，还可以拍得有趣，这就要求摄影师对眼前事物有独到的观察能力，以便抓住在生活中出现的也许是转瞬即逝的趣味巧合，还要积极发挥想象力，发掘出更多的创意构图。

具体拍摄时可以利用借位拍摄、改变拍摄方向和视角等手段，去发现、寻找具创意趣味性的构图。

1. 拍摄参数设置

推荐使用光圈优先模式拍摄；光圈设置为F5.6~F16的中等光圈或小光圈，以使人物和被错位景物都拍摄清晰。感光度设置为ISO100~ISO200。

2. 寻找角度

拍摄错位照片，找对角度是很重要的环节。在拍摄前，需要指挥被拍摄者走位，以便与被错位景物融合起来。当被拍摄者走位差不多的时候，由拍摄者来调整位置或角度，这样会更容易达到精确融合。

3. 设置测光模式

如果环境光线均匀，使用矩阵测光模式即可。如果是拍摄如右图这样的效果，则设置为点测光模式。半按快门测光后，注意查看快门速度是否达到安全快门，如未达到，则要更改光圈或感光度值。

男士单膝跪地，手捧太阳，仿佛要把太阳作为礼物送给女士，逗得女士开心不已，画面十分生动、有趣

4. 设置对焦模式

如果是拍摄大景深效果的照片，对焦模式设置为单次伺服自动对焦模式，自动对焦区域设置为自动选择模式即可。如果是拍摄利用透视关系形成的错位照片，如“手指拎起人物”这样的照片，则将自动对焦区域模式设置为单点，对想要清晰表现的主体进行对焦。

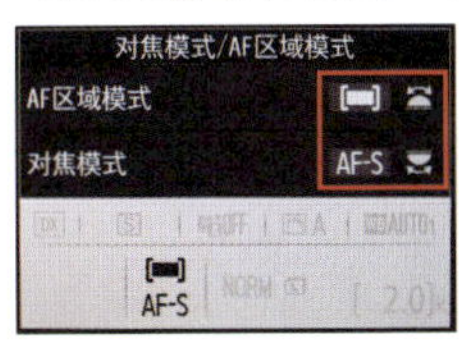

设置自动对焦模式和自动对焦区域模式

5. 拍摄

一切设置完后，半按快门对画面对焦，对焦成功后，按下快门拍摄。

200mm F8 1/640s ISO200

拍摄儿童

对于儿童来说，适合进行拍摄的状态有可能稍纵即逝，摄影师必须提高单位时间内的拍摄效率，才可能从大量照片中选择优秀的照片。

因此，拍摄儿童最重要的原则是拍摄动作快、拍摄数量多、构图变化多样。

1. 拍摄注意事项

如果拍摄的是婴儿，应选择在室内光线充足的区域拍摄，如窗户前。如果室内光线偏暗，可以打开照明灯补光，切不可开启闪光灯拍摄，这样容易对孩子的眼睛造成伤害。

如果拍摄大一点的儿童，则拍摄地点室内外均可。在室外拍摄时，适合使用顺光或在散射光下拍摄。

2. 善用道具与玩具

道具可以增加画面的情节，并营造出生动、活泼的气氛。道具可以是一束鲜花，也可以是篮子、吉他、帽子等。

另一类常用道具就是玩具。当儿童看见自己感兴趣的玩具时，自然会流露出好玩的天性，在这种状态下，拍摄的效果要比摆拍的效果自然、生动。

3. 拍摄角度

以孩子齐眉高度平视拍摄为佳，这样拍摄出来的画面比较真实、自然。不建议使用俯视的角度拍摄，这样拍摄出来的画面中儿童会显得很矮，并且容易出现头大脚小的变形效果。

35mm F3.5 1/200s ISO160

靠近窗户拍摄，利用自然光对儿童补光

35mm F3.5 1/200s ISO160

以平视角度拍摄儿童，得到了自然的画面

4. 拍摄参数设置

推荐使用光圈优先模式，光圈可以根据拍摄意图灵活设置，参考范围为F2.8~F5.6，感光度设置为ISO100~ISO200。

需要注意的是，设置曝光参数时要观察快门速度值，如果是拍摄相对安静的儿童，快门速度应保持在1/200s左右，如果是拍摄运动幅度较大的儿童，快门速度应保持在1/500s或以上。如果快门速度达不到，则要调整光圈或感光度值。

选择光圈优先模式

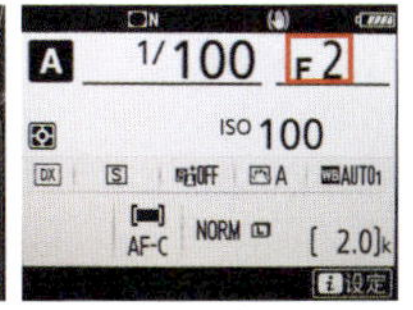

设置光圈值

5. 设置对焦模式

儿童动静不定，因此适合将对焦模式设置为连续伺服自动对焦模式（AF-C）。

6. 设置快门释放模式

儿童的动作与表现变化莫测，除了快门速度要保持较高的数值外，还需要将快门释放模式设置为连拍模式，以便随时抓拍。

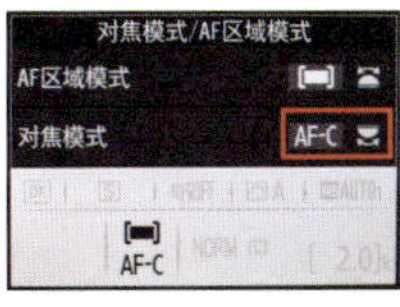

设置自动对焦模式

设置连拍模式

拍摄玩耍中的孩子时，连续伺服自动对焦模式可跟着动来动去的孩子随时进行对焦，以得到清晰的画面

7. 设置测光模式

推荐使用中央重点测光模式，半按快门对儿童脸部进行测光。确认曝光参数合适后按下曝光锁定按钮锁定曝光，然后只要在光线、画面明暗对比没有非常大的变化下，保持按住曝光锁定按钮的状态，可以以同一组曝光参数拍摄多张照片。

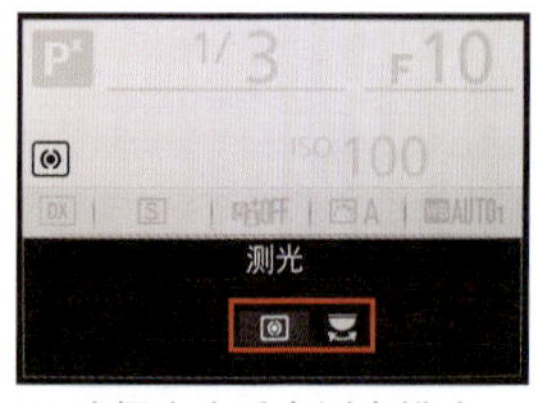

选择中央重点测光模式

8. 设置曝光补偿

在拍摄时，可以在正常的测光数值的基础上，适当增加 0.3~1挡的曝光补偿。这样拍摄出的画面显得更亮、更通透，儿童的皮肤也会更加粉嫩、细腻、白皙。

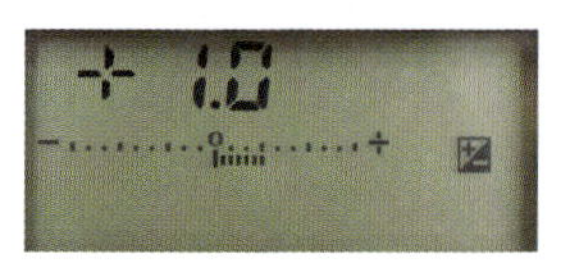

设置曝光补偿

利用玩具不仅可以吸引孩子的注意力，还可以用来美化画面

第13章 风光摄影技巧

山景的拍摄技巧

逆光表现漂亮的山体轮廓线

逆光拍摄景物时，画面会形成很强烈的明暗对比，此时若以天空为曝光依据的话，可以将山处理成剪影的形式，下面讲解一下详细拍摄步骤。

1. 构图和拍摄时机

既然是表现山体轮廓线，那在取景时就要注意选择比较有线条感的山体。通常山景的最佳拍摄时间是日出日落前后，在构图时可以取天空的彩霞来美化画面。

需要注意的是，应避免画面中纳入太阳，这样做的原因一是太阳周围光线太强，高光区域容易曝光过度，二是太阳如果占有比例过大，会抢走主体的风采。

2. 拍摄器材

适合使用广角镜头或长焦镜头拍摄，在使用长焦镜头拍摄时，需要使用三脚架或独脚架增强拍摄的稳定性。由于是逆光拍摄，因此镜头上最好安装遮光罩，以防止出现眩光。

3. 设置拍摄参数

设置拍摄模式为光圈优先模式，光圈值设置为 F8~F16，感光度设置为 ISO100~ISO400，以保证画面的高质量。

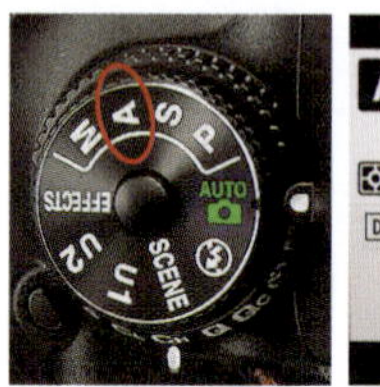

选择光圈优先模式

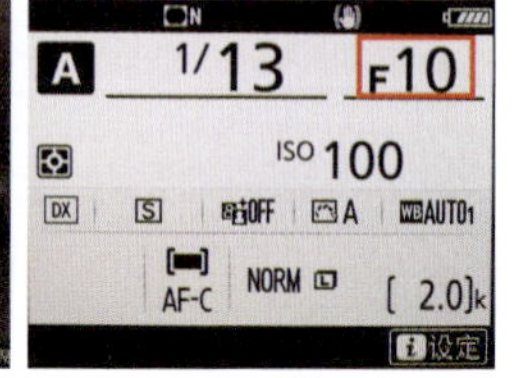

设置光圈值

以剪影的形式表现云雾缭绕的山峦，浓淡的渐变加深了画面的空间感

4. 设置对焦与测光模式

将对焦模式设置为单次伺服自动对焦模式，自动对焦区域模式设置为单点。测光模式设置为点测光模式，然后将相机的所选单个对焦点对准天空较亮的区域半按快门进行测光，确定所测得的曝光组合参数合适后，然后按下曝光锁定按钮锁定曝光。

提示：使用侧逆光不但可以拍出山体的轮廓线，而且画面会更有明暗层次感。

5. 对焦及拍摄

保持按下曝光锁定按钮的状态，使相机的对焦点对准山体与天空的接壤处，半按快门进行对焦，对焦成功后，按下快门进行拍摄。

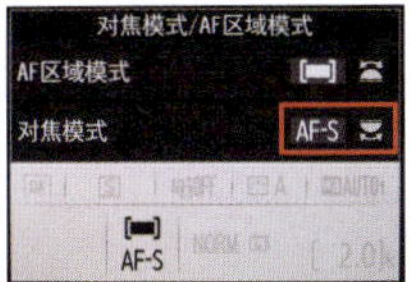

设置单次伺服自动对焦模式

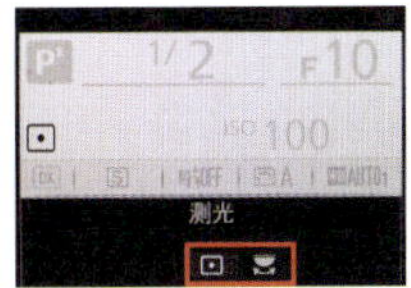

设置点测光模式

利用前景让山景画面活起来

在拍摄各类山川风光时，总是会遇到这样的问题，如果单纯地拍摄山体总感觉有些单调，这时候，如果能在画面中安排前景，配以其他景物如动物、树木等作陪衬，不但可以使画面显得富有立体感和层次感，而且可以营造出不同的画面气氛，大大增强了山川风光作品的表现力。

如果有野生动物的陪衬，山峰会显得更加幽静、安逸，具有活力感，同时也增加了画面的趣味等；如果在山峰的上端适当留出空间，使它在蓝天白云的映衬之下，给人带来更深刻的感受。

利用大片的花海作为前景，衬托远方巍峨的雪山，一方面可以突出山峦的雄伟，另一方面可以使画面层次更丰富

妙用光线获得金山银山效果

当日出时的阳光照射在雪山上时，暖色的阳光使雪山形成了金光闪闪的效果，便是日照金山，而白天的太阳照射在雪山上，便是日照银山的效果，拍摄日照金山与日照银山的不同之处在于拍摄的时间段不同。除了掌握最佳拍摄时间段外，还需要注意一些曝光方面的技巧，才能从容地拍好日照金山和日照银山，下面详细讲解下拍摄流程。

AF-S 尼克尔14-24mm F2.8 G ED

AF-S 尼克尔 70-200mm F2.8 G ED VR II

1. 拍摄时机

拍摄对象必须是雪山，要选择在天气晴朗并且没有大量云雾笼罩情况下拍摄。如果是拍摄日照金山的效果，应该在日出时分进行拍摄。如果是拍摄日照银山的效果，应该选择在上午或下午的时候进行拍摄。

三脚架

2. 拍摄器材

适合使用广角镜头或长焦镜头拍摄。广角镜头可以拍出群山的壮丽感，而长焦镜头可以拍出山峰的特写。此外，还需要三脚架，以增强拍摄时的稳定性。

200mm F8 1/400s ISO400

太阳照射在山顶上形成日照金山效果，画面看起来非常神圣

3. 设置拍摄参数

拍摄模式适合设置为M手动模式，光圈适合设置在 F8~F16 之间，感光度设置在 ISO100~ISO400 之间。存储格式设置为 RAW 格式，以便后期进行优化处理。

选择光圈优先模式

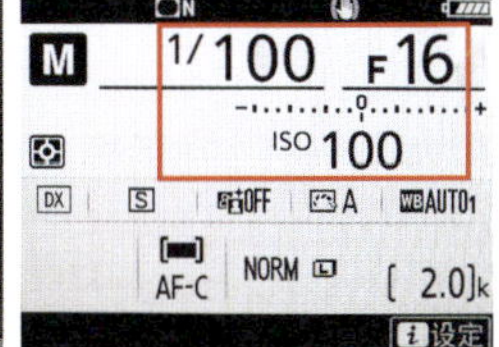

设置曝光参数

4. 设置包围曝光功能

雪山呈现出日照金山效果的时间非常短，为了抓紧时间拍摄，可以开启相机的包围曝光功能。这样可以提高曝光成功率，从而把微调参数的时间省出来拍摄其他构图或其他角度的照片。

需要注意的是，如果快门释放模式设置为单拍，那么包围曝光的三张照片需要按下三次快门完成拍摄；如果设置为连拍，则按住快门不放，连续拍摄三张照片即可。

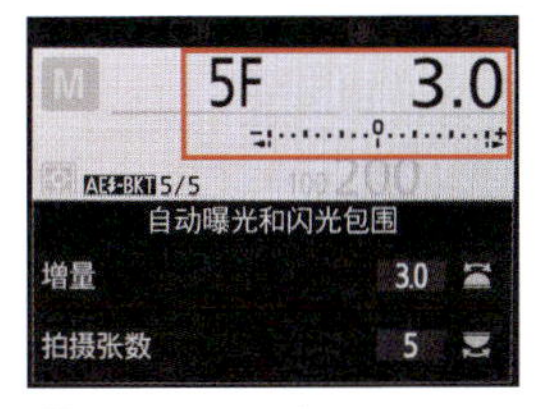

设置包围曝光

仰视拍摄被夕阳染上金色的山体，以蓝天为背景画面更简洁，而三角形构图则使金山看起来更有稳定感

5. 设置对焦模式

将对焦模式设置为单次伺服自动对焦模式，自动对焦区域模式设置为单点。

6. 设置测光模式

如果是拍摄日出金山效果，测光模式适合设置为点测光，然后以相机的点测光圈对准雪山较亮区域半按快门进行测光。

如果是拍摄日照银山效果，则应设置为矩阵测光，测光后要注意查看游标的位置，是否符合所需的曝光。

提示：测光后注意观察取景器中的曝光游标是否处于标准或所需曝光的位置处，如果游标不在目标位置处，则要通过改变快门速度、光圈及感光度数值来调整，一般情况下，优先改变快门速度的数值。

设置测光模式

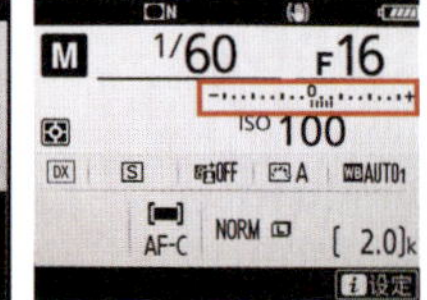

查看曝光指示

使用广角镜头俯视拍摄连绵的雪山，在强烈的光线照射下，雪山呈现迷人的银色，将其圣洁的感觉表现得很好

7. 曝光补偿

为了加强拍出金色的效果，可以减少曝光量。在测光时，通过调整快门速度、光圈或感光度数值，使游标向负值方向偏移 0.5~1EV 即可。

而在拍摄日照银山时，则需要向正的方向做 0.7~2EV 曝光补偿量，这样拍出的照片才能还原银色雪山的本色。

8. 拍摄

一切参数设置妥当后，使对焦点对准山体，半按快门进行对焦，然后按下快门拍摄。

提示：如果使用了包围曝光功能拍摄，相当于已经做过曝光补偿的操作了，一般不用特意再调整曝光补偿。不过为了有更多选择性，也可以在曝光补偿的基础上，再配合使用包围曝光功能。

提示：在使用M挡拍摄时，只要测光后曝光参数调整到所需的曝光标准后，后面在拍摄时如果因为微调构图而使取景器中的曝光指示游标的位置有所变化，可以不必理会，直接完成拍摄即可。

在侧光下，明暗对比强烈，表现出了山体的立体感

水景的拍摄技巧

利用前景增强水面的纵深感

在拍摄水景时，如果没有参照物，不太容易体现水面的空间纵深感。因此，在取景时，应该注意在画面的近景处安排树木、礁石、桥梁或小舟，这样不仅能够避免画面单调，还能够通过近大远小的透视对比效果表现出水面的开阔感与纵深感。

在拍摄时，应该使用镜头的广角端，这样能使前景处的线条被夸张化，以增强画面的透视感、空间感。

在前景处纳入岩石，在广角镜头的透视下呈现为近大远小的效果，与溪水形成的线条一起，增强了画面的纵深感

前景中纵向的岩石不仅丰富了单调的海景，还体现出了海面的宽阔感

利用低速快门拍出丝滑的水面

使用低速快门拍摄水面，是水景摄影的常用技巧，不同的低速快门能够使水面表现出不同的美景，中等时间长度的快门速度能够使水面呈现丝般的水流效果，如果时间更长一些，就能够使水面产生雾化的效果，为水面赋予了特殊的视觉魅力。下面讲解一下详细的拍摄步骤。

1. 使用三脚架和快门线拍摄

拍摄丝滑水面是低速摄影题材，手持相机拍摄的话，就非常容易使画面模糊，因此，三脚架是必备的器材，并且最好使用快门线来避免直接按下快门按钮时产生的震动。

利用低速快门拍摄，使海水呈现为雾化的效果，带给观者不同的感觉

提示：如果在拍摄前忘了携带三脚架和快门线，或者是临时起意拍摄低速水流，则可以在拍摄地点周围寻找可供相机固定的物体，如岩石、平整的地面等，将相机放置在这类物体上，然后将快门释放模式设置为“2秒自拍”模式，以减少相机抖动。

2. 拍摄参数的设置

推荐使用快门优先曝光模式，以便于设置快门速度。快门速度可以根据拍摄的水景和效果来设置，如果是拍摄海面，需要设置到 1/20s 或更慢，如果是拍摄瀑布或溪水，快门速度设置到 1/5s 或更慢。快门速度设置到 1.5s 或更慢，则会将水流拍摄成雾化效果。

感光度设置为相机支持的最低感光度值（ISO100 或 ISO50），以降低镜头的进光量。

选择快门优先模式

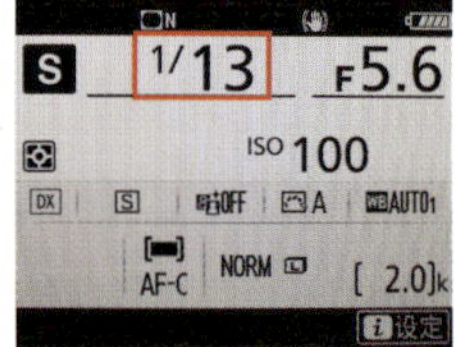

设置快门速度

使用小光圈结合较低的快门速度，将瀑布拍摄成了丝线般效果

3. 使用中灰镜减少进光量

如果已经设置了相机的极限参数组合，画面仍然曝光过度，则需要在镜头前加装中灰镜来减少进光量。

先根据测光所得出的快门速度值，计算出和目标快门速度值相差几倍，然后选择相对应倍数的中灰镜安装到镜头上即可。

肯高ND4中灰镜(77mm)

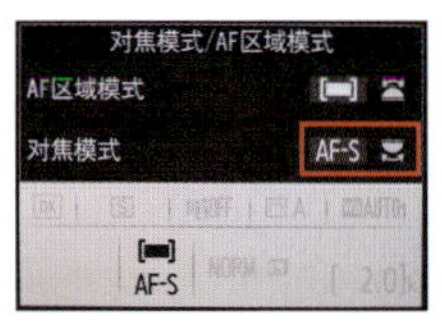

设置自动对焦模式

设置测光模式

4. 设置对焦和测光模式

将对焦模式设置为单次伺服自动对焦模式，自动对焦区域模式设置为自动选择模式。测光模式设置为矩阵测光模式。

5. 拍摄

半按快门按钮对画面进行测光和对焦，在确认得出的曝光参数能获得标准曝光后，完全按下快门按钮进行拍摄。

波光粼粼的金色水面拍摄技巧

波光粼粼的金色水面是经常被拍摄的水景画面，被阳光照射到的水面，非常耀眼。拍摄此类场景的技巧很简单：❶日出日落时拍摄；❷逆光；❸使用小光圈；❹恰当的白平衡设置。

1. 拍摄时机

表现波光粼粼的金色水面要求光线位置较低，并且需要采用逆光拍摄，通常在清晨太阳升出地平线后或者傍晚太阳即将下山时拍摄才能达到良好的效果。

2. 构图

既然水面是主体，那么适合使用高水平线的构图形式，以凸显水面波光粼粼的效果。如果以俯视角度拍摄，可以获得大面积的水面波光画面；如果是使用平视角度拍摄，则会获得长长的水面波光条，这样可以增强画面的纵深感。另外，在构图时，可以适当纳入前景或水上景物，如船只、水鸟、人物等，并将他们处理为剪影的形式，来增强画面的明暗对比。

3. 拍摄参数设置

将拍摄模式设置为光圈优先模式，并将光圈值设置在 F8~F16 之间，使用小光圈拍摄，能够使水面形成星芒，从而增强波光粼粼的效果。感光度设置在 ISO100~ISO400。

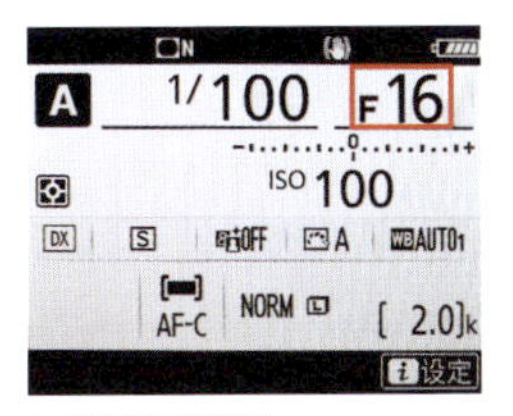

设置光圈值

逆光时，阳光洒在水面上，形成长长的波光条，使得画面非常有纵深感

4. 设置白平衡模式

为了强调画面的金色效果，可以将白平衡模式设置为阴天或背阴模式；也可以手动选择色温值到6500~8500K之间。

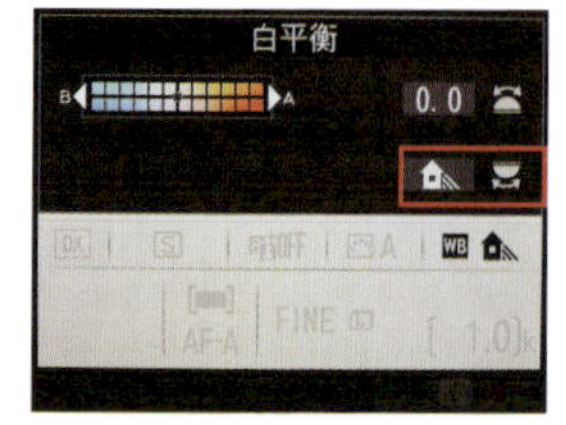

设置白平衡模式

5. 设置曝光补偿

如果波光在画面中的面积较小，要适当减少0.3~0.7EV的曝光补偿；如果波光在画面中的面积较大，要适当增加0.3~0.7EV的曝光补偿，以弥补反光过高对曝光数值的影响。

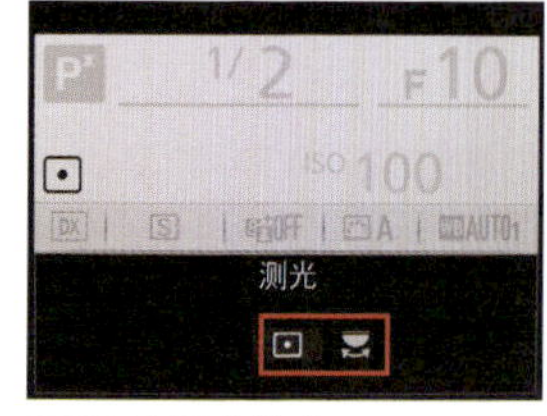

设置测光模式

6. 设置测光模式

将测光模式设置为点测光模式，以相机的点测光圈对准水面反光的边缘处半按快门进行测光，确定得出的曝光数值无误后，按下曝光锁定按钮锁定曝光。

7. 拍摄

保持按下曝光锁定按钮的状态，半按快门对画面进行对焦，对焦成功后，按下快门进行拍摄。

增加曝光补偿后画面中波纹的效果更加明显，金色的波纹和船只将日落黄昏静谧气氛表现得很好，而降低拍摄角度，纳入天空的飞鸟则打破了这种宁静，为画面增添了生机

雪景的拍摄技巧

增加曝光补偿以获得正常的曝光

雪景是摄影爱好者常拍的风光题材之一，但大部分初学者在拍摄雪景后，发现自己拍的雪景不够白，画面灰蒙蒙的，其实只要掌握曝光补偿的技巧即可还原雪景的洁白。

选择光圈优先模式

1. 如何设置曝光参数

适合使用光圈优先模式拍摄，如果想拍摄大场景的雪景照片，可以将光圈值设置在 F8~F16 之间；如果是拍摄浅景深的特写雪景照片，可以将光圈值设置在 F2~F5.6 之间。光线充足的情况下，感光度设置在 ISO100~ISO200 即可。

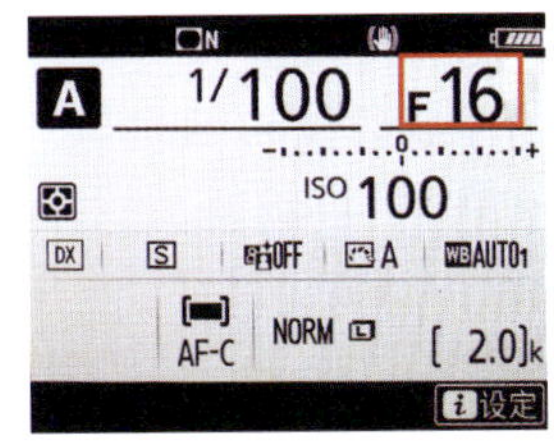

设置光圈值

2. 设置测光模式

将测光模式设置为矩阵测光，针对画面整体测光。

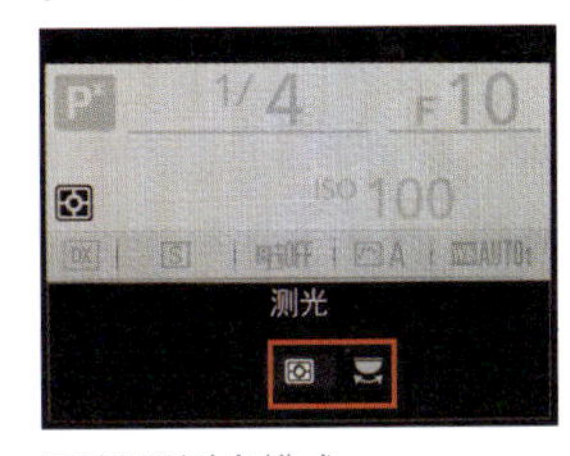

设置测光模式

3. 设置曝光补偿

在保证不会曝光过度的同时，可根据白雪在画面中所占的比例，适度增加 0.7~2EV 曝光补偿，以如实地还原白雪的明度。

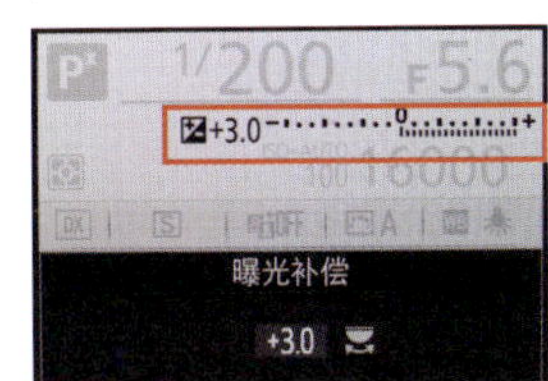

设置曝光补偿

通过曝光补偿的方式，在不过曝的情况下如实地还原了白雪的明度，画面感觉清新、自然

用飞舞的雪花渲染意境

在下雪的天气中进行拍摄，无数的雪花纷纷飘落，将其纳入画面中可以增加画面的生动感。在拍摄这类的雪景照片时，要注意快门速度的设置。

1. 拍前注意事项

拍摄下雪时的场景，首要注意事项就是保护好相机的镜头，不要被雪花打湿而损坏设备。在拍摄时，可以在镜头上安装遮光罩，以挡住雪花，使其不落在镜面上，然后相机和镜头可以用防寒罩保护起来，如果没有，最简单的方法就是用塑料袋套上。

2. 设置拍摄参数

设置拍摄模式为快门优先模式，根据想要的拍摄效果来设置快门速度。如果将快门速度设置为 1/15~1/40s，这样可以使飘落的雪花以线条的形式在画面中出现，从而增加画面生动感；如果将快门速度设置在 1/60~1/250s 之间，则可以将雪花呈现为短线条或凝固在画面中，这样可以体现出大雪纷飞的氛围。感光度根据测光来自由设置，在能获得满意光圈的前提下，数值越低越好，以保证画面质量。

设置拍摄模式

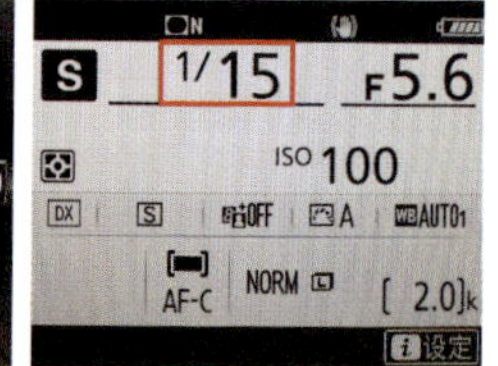

设置快门速度

提示：在快门优先模式下，半按快门对画面测光后，要注意查看光圈值是否理想。如果光圈过大或过小不符合当前拍摄需求，需要通过改变感光度数值来保持平衡。

白茫茫的飘雪为画面蒙上了一层朦胧缥缈的意境

3. 使用三脚架

在使用低速快门拍摄雪景时，手持拍摄时画面容易模糊，因此需要将相机安装在三脚架上，并配合快门线拍摄，以获得清晰的画面。

4. 设置测光和对焦模式

设置测光模式为矩阵测光，对画面整体进行测光；对焦模式设置为单次伺服自动对焦模式；自动对焦区域模式设置为单点或自动选择模式。

5. 构图

在取景构图时，注意选择能衬托白雪的暗色或鲜艳色彩的景物，如果画面中都是浅色的景物，则雪花效果不明显。

6. 设置曝光补偿

根据雪景在画面中的占有比例，适当增加 0.5~2EV 的曝光补偿，以还原雪的洁白。

7. 拍摄

使用单点对焦区域模式时，将单个自动对焦点对准主体，半按快门进行对焦；用自动选择区域模式时，半按快门进行对焦，听到对焦提示音后，按下快门按钮完成拍摄。

在较高快门速度下，雪花被定格在空中，摄影师选择以红墙为背景衬托雪花，给人以惊艳之美

太阳的拍摄技巧

拍摄霞光万丈的美景

日落时，天空中霞光万丈的景象非常美丽，是摄影师常表现的景象。在拍摄这种场景时需要注意以下几个要点。

1. 最佳拍摄时机

雨后天晴或云彩较多的傍晚，容易出现这种霞光万丈的景象，因此注意提前观察天气。

2. 设置小光圈拍摄

使用光圈优先模式，设置光圈值在F8~F16之间。

3. 适当降低曝光补偿

为了更好地记录透过云层穿射而出的光线，可以适当设置-0.3~-0.7EV的曝光补偿。

4. 取景构图

在构图时可以适当纳入简洁的地面景物，以衬托天空中的光线，使画面更为丰富。

5. 用点测光对云彩测光

设置点测光模式，然后以相机的所选单个对焦点对准天空中的云彩测光。测光完成后按下曝光锁定按钮锁定曝光。

6. 微调构图并拍摄

保持按下曝光锁定按钮的情况下，微调构图，半按快门对景物对焦，然后按下快门完成拍摄。

阳光透过云彩形成了霞光万丈的景色，金色云层有种神奇的魅力

针对亮部测光拍摄出剪影效果

在逆光条件下拍摄日出、日落景象时，考虑到场景光比较大，而感光元件的宽容度无法兼顾到景象中最亮、最暗部分的还原，在这种情况下，摄影师大多选择将背景中的天空还原，而将前景处的景象处理成剪影状，增加画面美感的同时，还可营造画面气氛，那么该如何拍出漂亮的剪影效果呢？下面讲解一下详细的拍摄步骤。

1. 寻找最佳拍摄地点

拍摄地点最好是开阔一点的场地，如海边、湖边、山顶等。作为目标剪影呈现的景物，不可以过多，而且要轮廓清晰，避免选择大量重叠的景物。

景物选择不恰当，导致剪影效果不佳

2. 设置小光圈拍摄

将相机的拍摄模式设置为光圈优先模式，设置光圈值在 F8~F16 之间。

3. 设置低感光度数值

日落时的光线很强，因此设置感光度数值为 ISO100~ISO200 即可。

4. 设置优化校准及白平衡

如果是以 JPEG 格式存储照片，那么需要设置优化校准和白平衡。为了获得最佳的色彩氛围，可以将优化校准设置为“风景”模式，白平衡模式设置为“背阴”模式或手动调整色温数值为 6000~8500K。如果是以 RAW 格式存储照片，则都设置为自动即可。

5. 设置曝光补偿

为了获得更加纯黑的剪影，以及让画面色彩更加浓郁，可以适当设置 -0.3~-0.7EV 的曝光补偿。

以植物为前景，对天空较亮的区域进行测光，得到了植物呈剪影效果的画面

6. 使用点测光模式测光

将相机的测光模式设置为点测光模式，然后以相机所选单个对焦点，对准夕阳旁边的天空半按快门测光，得出曝光数据后，按下曝光锁定按钮锁住曝光。

需要注意的是，切不可对准太阳测光，否则画面会太暗，也不可对着剪影的目标景物测光，否则画面会太亮。

测光时太靠近太阳，导致画面整体过暗

7. 重新构图并拍摄

在保持按下曝光锁定按钮的情况下，通过改变焦距或拍摄距离重新构图，并对景物半按快门对焦，对焦成功后按下快门进行拍摄。

对着建筑测光，导致画面中天空过亮

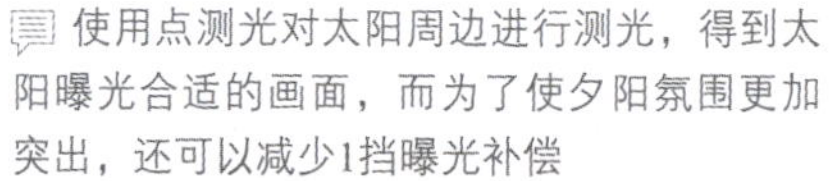

使用点测光对太阳周边进行测光，得到太阳曝光合适的画面，而为了使夕阳氛围更加突出，还可以减少1挡曝光补偿

拍出太阳的星芒效果

为了表现太阳耀眼的效果，烘托画面的气氛，增加画面的感染力，可以拍出太阳的星芒效果。但摄影爱好者在拍摄时，却拍不出太阳的星芒，如何才能拍好呢？接下来详细讲解拍摄步骤和要点。

1. 选择拍摄时机

要想把太阳的光芒拍出星芒效果，选择拍摄时机是很重要的。如果是日出时拍摄，应该等太阳跳出地平线一段时间后，而如果是日落时拍摄，则应选择太阳离地平线还有些距离时拍摄，太阳在靠近地平线呈现为圆形状态时，是很难拍出其星芒的。

2. 选择广角镜头拍摄

要想拍出太阳星芒的效果，就需要让太阳在画面中比例小一些，越接近点状，星芒的效果就越容易出来。所以，适合使用广角或中焦镜头拍摄。

3. 构图

在构图时，可以适当地利用各种景物，如山峰、树枝遮挡太阳，使星芒效果呈现得更好。

4. 拍摄方式

由于在拍摄时，太阳还处于较亮的状态，为了避免取景器拍摄时太阳光对眼睛的刺激，推荐使用实时取景拍摄模式进行取景和拍摄。

尼康D7500相机是将即时取景选择器转至即时取景静态拍摄图标位置，然后按下Lv按钮即为即时取景拍摄模式

星芒状的太阳将海景点缀得很新颖，拍摄时除了需要设置较小的光圈，还应有一个黑色的衬托物，例如画面中的山石

35mm F16 1/250s ISO160

5. 设置曝光参数

将拍摄模式设置为光圈优先模式，设置光圈为F16~F32，光圈越小，星芒效果越明显。感光度设置在ISO100~ISO400之间，以保持画质。虽然太阳在画面中的比例很小，但也要避免曝光过度，因此适当设置-0.3~-1EV的曝光补偿。

提示：设置光圈时不用考虑镜头的最佳光圈，也不用考虑小光圈下的衍射影响画质，毕竟是以拍出星芒为最终目的。如果摄影爱好者有星芒镜，则可在镜头前加装星芒镜以获得星芒效果。
逆光拍摄时，容易在画面中出现眩光，在镜头前加装遮光罩可以有效地避免眩光。

6. 对画面测光

设置点测光模式，针对太阳周边较亮的区域进行测光。需要注意的是，由于光圈设置得较小，如果测光后得到的快门速度低于安全快门，则要重新调整光圈或感光度值，确认曝光参数合适后按下曝光锁定按钮锁定曝光。

7. 重新构图并拍摄

在保持按下曝光锁定按钮的情况下，微调构图，并对景物半按快门对焦，对焦成功后按下快门进行拍摄。

以小光圈拍摄，加上太阳正好从云彩中露出，因此得到了星芒效果很明显的照片

迷离的雾景

留出大面积空白使云雾更有意境

留白是拍摄雾景画面的常用构图方式，即通过构图使画面的大部分为云雾或天空，而画面的主体，如树、石、人、建筑、山等，仅在画面中占据相对较小的面积。

在构图中，注意所选择的画面主体应该是深色或有其他相对亮丽一点色彩的景物，此时雾气中的景物虚实相间，拍摄出来的照片很有水墨画的感觉。

在拍摄云海时，这种拍摄手法基本上可以算是必用技法之一，事实证明，的确有很多摄影师利用这种方法拍摄出漂亮的有水墨画效果的作品。

135mm F13 1/25s ISO100

画面中由浅至深、由浓转淡的云雾将树林遮挡得若隐若现，神秘缥缈，表现出唯美的意境，同时通过增加1挡曝光补偿，使得云雾更为亮白，层次更为丰富

24mm F8 6s ISO200

拍摄山景时，由于雾气比较厚重，在前景中纳入了几棵剪影形式的树木，利用明暗的对比拉开了画面的空间

利用虚实对比表现雾景

拍摄云雾场景时要记住，虽然拍摄的是云雾，但云雾在大多数情况下只是陪体，画面要有明确、显著的主体，这个主体可以是青松、怪石、大树、建筑，只要这个主体的形体轮廓明显、优美即可。

云雾占比例太大，让人感觉画面不够清晰

1. 构图

前面说过，画面中要有明显的主体，那么在构图时要用心选择和安排这个主体的比例。若整个画面中云雾占比例太多，而实物纳入得少，就会使画面感觉像是对焦不准，若是整个画面中实物纳入得太多，又显示不出雾天的特点来。

只有虚实对比得当，在这种反差的相对衬托对比下，画面才显得缥缈、灵秀。

前景处的栅栏占比太大，画面没有雾的朦胧美

2. 设置曝光参数

将拍摄模式设置为光圈优先模式，光圈设置在F4~F11之间，如果手持相机拍摄的话，感光度可以适当高点，根据曝光需求可以设置在ISO200~ISO640之间，因为雾天通常光线较弱。

设置光圈优先模式

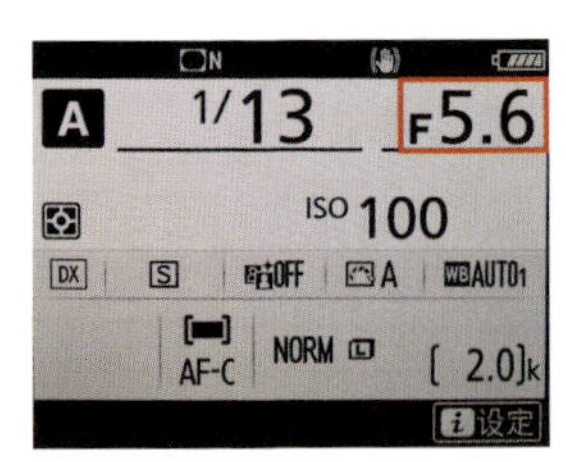

设置光圈

利用前景中的树木与雾气中的树木形成虚实对比，使雾景画面中呈现出较好的节奏感与视觉空间感

3. 对焦模式

将对焦模式设置为单次伺服自动对焦模式，自动对焦区域模式设置为单点，在拍摄时使用单个自动对焦点对主体进行对焦（即对准树、怪石、建筑），能够提高对焦成功率。

如果相机实在难以自动对焦成功，则切换为手动对焦模式，边看取景器边拧动对焦环直至景物呈现为清晰状态。

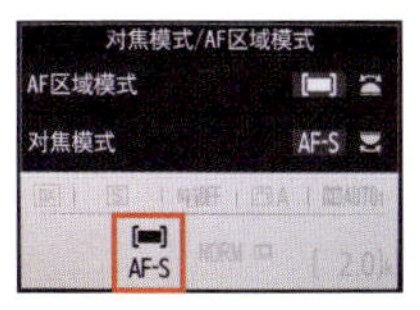

设置单次伺服对焦模式

手动对焦模式标志

4. 测光

将测光模式设置为矩阵测光模式，对画面半按快门进行测光。测光后注意观察取景器中显示的曝光参数，如果快门速度低于安全快门，则要调整光圈或感光度值（如果将相机安装在三脚架上拍摄，则不用更改）。

5. 曝光补偿

根据白加黑减原则，可以根据云雾在画面中占有的比例，适当增加0.3~1EV的曝光补偿，使云雾更显洁白。

6. 拍摄

半按快门对画面进行对焦，对焦成功后完全按下快门按钮完成拍摄。

前景处的人物很清晰，大面积缭绕的雾气将其他景物遮挡住，呈现出若隐若现的状态，烘托出梦幻迷离的画面意境

花卉的拍摄技巧

利用逆光拍摄展现花瓣的纹理与质感

许多花朵有不同的纹理与质感，在拍摄这些花朵时不妨使用逆光拍摄，使半透明的花瓣在画面中表现出一种朦胧的半透明感。

1. 选择合适的拍摄对象

拍摄逆光花朵照片应选择那些花瓣较薄且层数不多的花朵，不宜选择花瓣较厚或花瓣层数较多的花朵，否则透光性会比较差。

2. 拍摄角度和拍摄方式

由于大部分花卉植株较矮，在逆光拍摄时，必然要使用平视或仰视的角度拍摄，才能获得最佳拍摄效果，此时就可以使用相机的实时取景显示模式来构图及拍摄。

D7500相机是将即时取景选择器转至即时取景静态拍摄图标位置，然后按下Lv按钮即为即时取景拍摄模式

带有可翻转液晶显示屏的尼康相机

3. 设置拍摄参数

将拍摄模式设置为光圈优先模式，光圈值设置为 F2.5~F5.6（如果使用微距镜头拍摄，则可以使用稍微小点的光圈值），以虚化背景凸显主体，感光度设置为 ISO100~ISO200，以保证画面的高质量。

4. 曝光补偿

为了使花朵的色彩更为明亮，可以适当增加 0.3~0.7EV 的曝光补偿。

采用逆光拍摄可以很好地表现花瓣的质感和纹理，将背景处理为黑色不仅使得荷花看起来有种半透明的效果，还使画面显得更加简洁

5. 设置对焦和测光模式

将对焦模式设置为单次伺服自动对焦模式，自动对焦区域模式设置为单点，测光模式设置为点测光模式，然后以相机的所选单个对焦点，对准花朵上的逆光花瓣半按快门进行测光，确定所测得的曝光组合参数合适后，按下曝光锁定按钮锁定曝光。

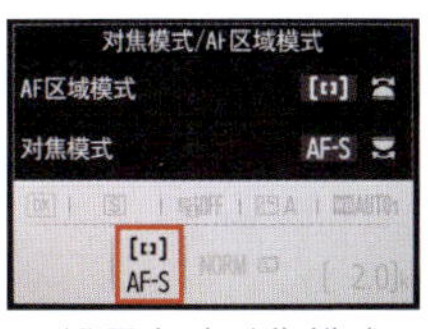

设置自动对焦模式

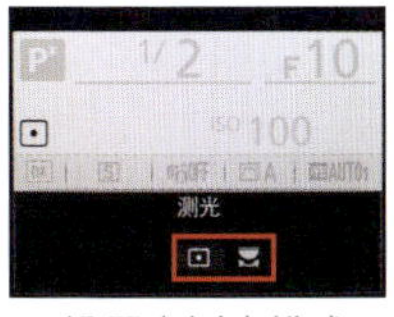

设置点测光模式

6. 对焦及拍摄

保持按下曝光锁定按钮的状态，使相机的对焦点对准花瓣或花蕊，半按快门进行对焦，对焦成功后，完全按下快门按钮进行拍摄。

按下曝光锁定按钮锁定曝光

在逆光下，花瓣的纹理明显，非常有通透感

用露珠衬托出鲜花的娇艳感

在早晨的花园、森林中能够发现无数出现在花瓣、叶尖、叶面、枝条上的露珠，在阳光下显得晶莹闪烁、玲珑可爱。拍摄带有露珠的花朵，能够表现出花朵的娇艳与清新的自然感。

1. 拍摄时机

最佳拍摄时机是在雨后或清晨，这时会有雨滴或露珠遗留在花朵上，如果没有露珠，也可以用小喷壶，对着鲜花喷几下水，人工制造水珠。

2. 拍摄器材

推荐使用微距镜头拍摄，微距镜头能够有效地虚化背景和展现出花卉的细节之美。除此之外，大光圈定焦镜头和长焦镜头也是拍摄花卉不错的选择。

拍摄露珠花卉画面，一般景深都比较小，因此对拍摄时相机的稳定性要求较高，所以三脚架和快门线也是必备的器材。

3. 构图

拍摄带露珠的花卉时，应该选择稍暗一点的背景，这样拍出的水滴才显得更加晶莹剔透。

4. 拍摄参数设置

将拍摄模式设置为光圈优先模式，光圈值设置为 F2~F5.6（如果使用微距镜头，可以将光圈设置得再小一点），感光度设置为 ISO100~ISO400，以保证画面的细腻。

105mm F3.5 1/200s ISO200

配合柔和的光线、晶莹的露珠，花卉看起来灵动了许多

5. 对焦模式

将对焦模式设置为单次伺服自动对焦模式，自动对焦区域模式设置为单点模式。

6. 拍摄方式

为了更精确地让摄影师查看对焦、构图等细节情况，推荐使用即时取景拍摄模式进行拍摄。

D7500相机是将即时取景选择器拨至📷位置，然后按下Lv按钮，即可切换至即时取景拍摄模式

7. 测光

测光模式设置为点测光模式。将相机的所选单个对焦点，对准花朵上的露珠半按快门进行测光，得出曝光参数组合后，按下曝光锁定按钮锁定曝光。

8. 对焦及拍摄

在保持按下曝光锁定按钮的状态，使相机的对焦点对准花朵上的露珠，半按快门进行对焦，对焦成功后，完全按下快门按钮进行拍摄。

娇艳的花瓣被晶莹的露珠所包裹，增加了曝光补偿后的画面中，水珠看起来更加晶莹剔透

第14章

昆虫、鸟类等动物摄影技巧

拍摄昆虫的技巧

利用即时取景模式微距拍摄昆虫

对于昆虫微距摄影而言，清晰是评判照片是否成功的标准之一。由于昆虫微距照片的景深都很浅，所以，在进行昆虫微距摄影时，对焦是影响照片成功与否的关键因素。

一个比较好的解决方法是，使用尼康相机的即时取景拍摄模式进行拍摄，在即时取景拍摄状态下，拍摄对象能够通过液晶显示屏显示出来，并且按下放大按钮🔍，可将液晶显示屏中的图像进行放大，以检查拍摄的照片是否准确合焦。

在确认打开相机的情况下，将即时取景选择器转至即时取景拍摄图标📷位置，然后按LV按钮即可

按下放大按钮🔍一次后，照片会放大显示当前拍摄对象

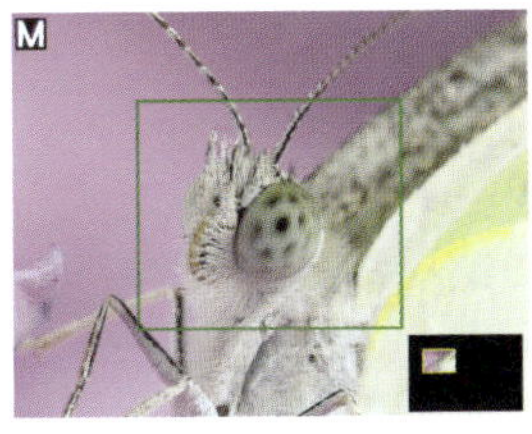

再次按放大按钮🔍后，照片会继续放大显示当前拍摄对象

拍摄小景深的微距画面时，使用实时显示拍摄模式进行对焦可方便查看是否合焦

逆光或侧逆光表现昆虫

如果要获得明快、细腻的画面效果，可以使用顺光拍摄昆虫，但这样的画面略显平淡。

如果拍摄时使用逆光或侧逆光，则能够通过一圈明亮的轮廓光，勾勒出昆虫的形体。

如果在拍摄蜜蜂、蜻蜓这类有薄薄羽翼的昆虫时，选择逆光或侧逆光的角度拍摄，还可使其羽翼在深色背景的衬托下显得晶莹剔透，让人感觉昆虫更加轻盈，画面显得更精致。

摄影师采用逆光角度拍摄的蝴蝶，画面看起来非常清新

突出表现昆虫的复眼

许多昆虫的眼睛都是复眼，即每只眼睛几乎都是由成千上万只六边形的小眼紧密排列组合而成的，如蚂蚁、蜻蜓、蜜蜂均为具有复眼结构的昆虫。在拍摄这种昆虫时，应该将拍摄的重点放在眼睛上，以使观者领略到微距世界中昆虫眼睛的神奇美感。

由于昆虫体积非常小，因此，对眼睛进行对焦的难度很大。为了避免跑焦，可以尝试使用手动对焦的方式，并在拍摄时避免使用大光圈，以免由于景深过小，而导致画面中昆虫的眼睛部分变得模糊。

由于表现昆虫眼睛的画面景深很小，容易产生跑焦的现象，可使用手动对焦避免这种情况，为方便手动对焦，在拍摄时要使用三脚架来固定相机

拍摄鸟类的技巧

采用散点构图拍摄群鸟

表现群鸟时通常使用散点式构图，既可利用广角表现场面的宏大，也可利用长焦截取部分景色，使鸟群充满画面。

如果拍摄时鸟群正在飞行，则最好将曝光模式设置为快门优先，使高速快门在画面中定格清晰的飞鸟。此外，应该采用高速连拍的方式拍摄多张照片，最后从中选取出飞鸟在画面中分散位置恰当、画面疏密有致的精美照片。

摄影师利用长焦镜头拍摄水面上成群的水鸟，近大远小的水鸟形成了散点式构图

采用斜线构图表现动感飞鸟

“平行画面静，斜线有动感”。在拍摄鸟类时，应采用斜线构图法，使画面体现出鸟儿飞行的运动感。

采用这种构图方式拍摄的照片，画面中或明或暗的对角线能够引导观众的视线随着线条的指向而移动，从而使画面具有较强的运动感和延伸感。

猫头鹰张开翅膀正好形成了斜线构图，不稳定性的画面很有动感

对称构图拍摄水上的鸟儿

在拍摄水边的鸟类时，倒影是绝对不可以忽视的构图元素，鸟的身体会由于倒影的出现，而呈现一虚一实的对称形态，使画面有了新奇的变化。而水面波纹的晃动，则更使倒影呈现一种油画的纹理，从而使照片更具有观赏性。

1. 拍摄装备

不管是拍摄野生鸟类还是动物园里的鸟类，都必须使用长焦镜头拍摄。拍摄动物园里的鸟类，使用焦距在200~300mm的长焦镜头即可；拍摄野生鸟类则要使用如300mm、400mm、500mm、600mm等长焦镜头。

除了镜头外，还需要三脚架和快门线，以保证相机在拍摄时的稳定性。

2. 取景

拍摄对称式构图，拍摄对象选择正在休息或动作幅度不大的水鸟为佳。构图时要把鸟儿的倒影完全纳入，最佳方式是实体与倒影各占画面的一半，如果倒影残缺不全，则会影响画面的美感。

除了拍摄单只鸟儿形成的对称式画面，也可以拍摄多只鸟儿的倒影，使画面不仅有对称美，还有韵律美。此外，如果条件允许，还可以在前景处纳入绿植，并将其虚化，使画面更自然。

3. 拍摄参数设置

拍摄此类场景，由于主体的动作幅度不大，因此可以使用光圈优先模式，设置光圈在F2.8~F8之间，感光度设置在ISO100~ISO500。

4. 设置对焦和对焦区域模式

将对焦模式设置为单次伺服自动对焦模式，自动对焦区域设置为自动选择模式即可。如果是拍摄下图这样有前景虚化的效果，为了确保主体对焦准确，可以将自动对焦模式设置为单点。

将天鹅放置在画面中心，使观者视线集中在天鹅身上，而对称构图则很好地表现了湖水的平静，画面给人一种幽静之美感

5. 测光模式

在光线比较均匀的情况下拍摄时，可以将测光模式设置为矩阵测光对画面整体测光。

而在光线明暗对比较大的情况下拍摄时，可以将测光模式设置为点测光模式，根据拍摄意图对鸟儿身体或环境进行测光。

摄影师别出心裁地用剪影的形式来表现对称之美，拍摄这样的场景时，注意水面要平静无波纹

提示：半按快门对画面测光后，要查看取景器中显示的曝光参数，注意快门速度是否达到拍摄鸟儿的标准。即使在拍摄此类场景时，鸟儿的动作通常不大，但也最好确保快门速度能够达到1/400s或以上。另外，还要注意是否提示曝光过度或曝光不足。

摄影师以特写景别表现水鸟的头与颈，其修长的颈部因为正在抓鱼而形成S形，再加上水面的倒影、水花，使得画面非常有动态美

6. 对焦及拍摄

设定一切参数和调整好构图后，半按快门按钮对主体进行对焦，完全按下快门按钮进行拍摄。

拍摄其他动物的技巧

抓住时机表现动物温情的一面

与人类彼此之间的感情交流一样，动物之间也有着它们交流的方式。如果希望照片更有内涵与情绪，应该抓住时机表现动物温情的一面。

例如，在拍摄动物妈妈看护动物宝宝时，可以重点表现“舐犊情深”的画面；在动物发情的季节拍摄，应该表现热恋中的“情人缠绵”的场面，以及难得一见的求偶场景；偶遇天空或地面的动物大战，更须抓住难得的拍摄机会，表现动物世界中的冲突与争斗。

摄影师通过镜头抓拍到幼猴躺在爸爸妈妈怀中的温情一幕，动物间的亲情看起来也非常温馨

逆光下表现动物的金边毛发

大部分动物的毛发在侧逆光或逆光的条件下，会呈现出半透明的光晕。因此，运用这两种光线拍摄毛发繁多的动物时，不仅能够生动而强烈地表现出动物的外形和轮廓，还能够在相对明亮的背景下突出主体，使主体与背景分离。

在拍摄时，应该利用点测光模式对准动物身体上稍亮一点的区域进行测光，从而使动物身体轮廓周围的半透明毛发呈现出一圈发亮的光晕，同时兼顾动物身体背光处的毛发细节。

逆光光线将宠物狗的轮廓勾勒出来，而漫天浓郁的暖黄色影调大大烘托了画面温馨的意境

高速快门加连续拍摄定格精彩瞬间

宠物在玩耍时动作幅度都比较大，精力旺盛的它们绝对不会停下来任由你摆布，所以只能通过相机设置来抓拍这些调皮的小家伙。在拍摄时可以按照下面的步骤来设置。

1. 设置拍摄参数

将拍摄模式设置为快门优先模式，设置快门速度在 1/500s 或以上的高速快门值，感光度可以依情况进行随时调整，如果拍摄环境光线好，设置 ISO100~ISO200 即可，如果拍摄环境光线不佳，则需要提高 ISO 感光度值。

2. 设置自动对焦模式

宠物的动作不定，为了更好地抓拍到其清晰的动作，需要将对焦模式设置为连续自动对焦，以便相机根据宠物的跑动幅度自动跟踪主体进行对焦。

3. 设置自动对焦区域模式

自动对焦区域模式方面，可以设置为对焦点数量最大的动态区域（以尼康 D7500 相机为例，可以设置为 51 点动态区域模式）或自动选择区域模式。

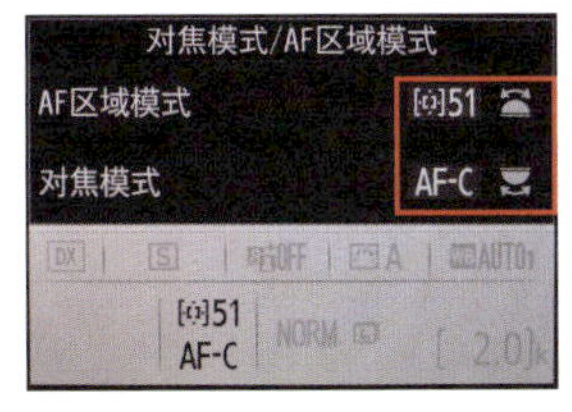

按住AF按钮，并转动主指令拨盘可以设置对焦模式，转动副指令拨盘可以设置自动对焦区域模式

高速连拍猫咪打闹的瞬间，画面看起来精彩、有趣

4. 设置快门释放模式

将相机的快门释放模式设置为连拍（如果相机支持高速连拍，则设置该选项）。在连拍模式下，可以将它们玩耍时的每一个动作快速连贯地记录下来。

D7500相机的两种连拍模式

5. 设置测光模式

一般选择在明暗反差不大的环境下拍摄宠物，因此使用矩阵测光模式即可，半按快门对画面测光，然后查看取景器中得出的曝光参数组合，确定没有提示曝光不足或曝光过度即可。

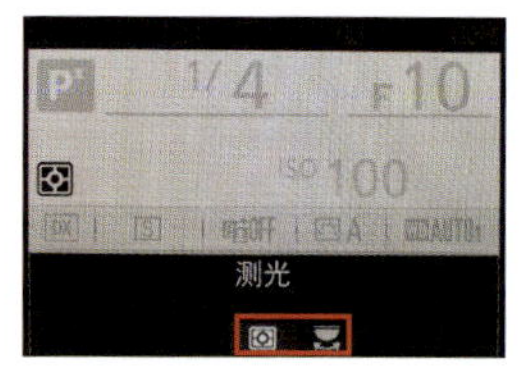

设置测光模式

6. 对焦及拍摄

一切设置完后，半按快门对宠物对焦（注意查看取景器中的对焦指示图标“●”，出现该图标表示对焦成功），对焦成功后完全按下快门按钮，相机将以连拍的方式进行抓拍。

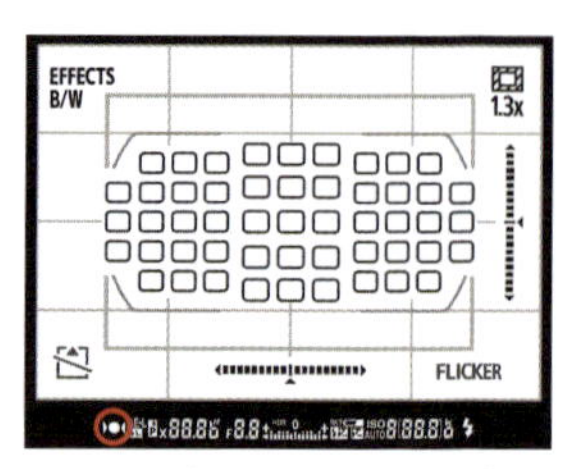

红圈中所示的是对焦指示图标

拍摄完成后，需要回放查看所拍摄的照片，以查看画面主体是否对焦清晰，动作是否模糊，如果效果不佳，需要进行调整，然后再次拍摄。

使用连拍的优点之一，就是可以实现多拍优选。这张站起来的猫咪照片就是在连拍的组图中选取出来的

改变拍摄视角

拍摄宠物也要不断地变换角度，以发现宠物最可爱的一面。俯视是人观察宠物最常见的视角，因此在拍摄相同的内容时，总是在视觉上略显平淡。因此，除了一些特殊的表现内容外，可以多尝试仰拍，以特殊的视角表现不同特点的宠物。

1. 不同视角的拍摄技巧

俯视拍摄站立的宠物时，能够拍出宠物的头大身小效果。采用此角度拍摄，要注意背景的选择，适合选择简单、纯净的背景，以凸显宠物。

在进行平视拍摄时，拍摄者可以弯下腰、半蹲或坐在地板、草地上，保持镜头与宠物在一个水平线上，这样拍摄出的效果真实且生动。在室外以平视角度拍摄时，还可以给画面安排前景并将其虚化，来增加画面的美感和自然感。

宠物们虽然娇小，但也可以轻松实现仰视拍摄。方法一是将宠物们放置在高一点的地方，室内拍摄时可以让它们在桌子上、窗台上或沙发上玩耍，室外拍摄时可以让它们在台阶上、山坡上玩耍，然后摄影师在它们玩耍的过程中进行抓拍；方法二是放低相机机位，以即时取景拍摄模式取景并拍摄。

摄影师采用俯视角度，拍摄到了小狗乖巧的表情

摄影师以仰视的角度拍摄，来凸显狗的神气模样

平视拍摄宠物狗的头部特写，有一种拟人化的表现，以充满画面的构图重点表现了狗的眼睛，其天真、懵懂的神情非常惹人怜爱

2. 拍摄方式

如果以取景器来取景拍摄，在以俯视拍摄时，还能轻松应对，而在以平视或仰视的角度拍摄时，不妨将拍摄方式切换为即时取景拍摄模式。

D7500相机是将即时取景选择器转至即时取景静态拍摄图标位置，然后按下Lv按钮即为即时取景拍摄模式

3. 拍摄参数设置

将拍摄模式设置为光圈优先模式，根据想要的拍摄效果来设置大光圈或小光圈，感光度根据拍摄环境光线情况而设置，光线充足的情况下，设置为ISO100~ISO200即可。光线弱的情况下，则要增高数值。

4. 对焦及对焦区域模式

将对焦模式设置为连续自动对焦。将自动对焦区域模式设置为自动选择模式。

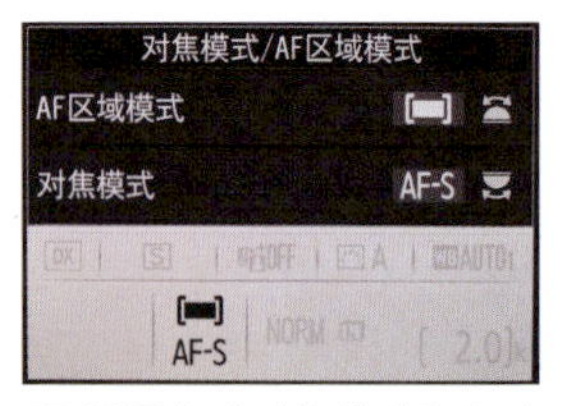

设置自动对焦模式和自动对焦区域模式

5. 设置快门释放模式

将相机的快门释放模式设置为连拍（如果相机支持高速连拍，则设置该选项）。

6. 设置测光模式

在明暗对比不大的情况下，使用矩阵测光模式即可，半按快门对画面测光，然后注意查看得出的曝光参数是否合适。

7. 对焦及拍摄

一切确认无误后，半按快门对宠物对焦，确认对焦成功后按下快门进行拍摄。

在室外草地上以平视角度拍摄，并设置大光圈值将前后景虚化，以凸显画面中的小狗

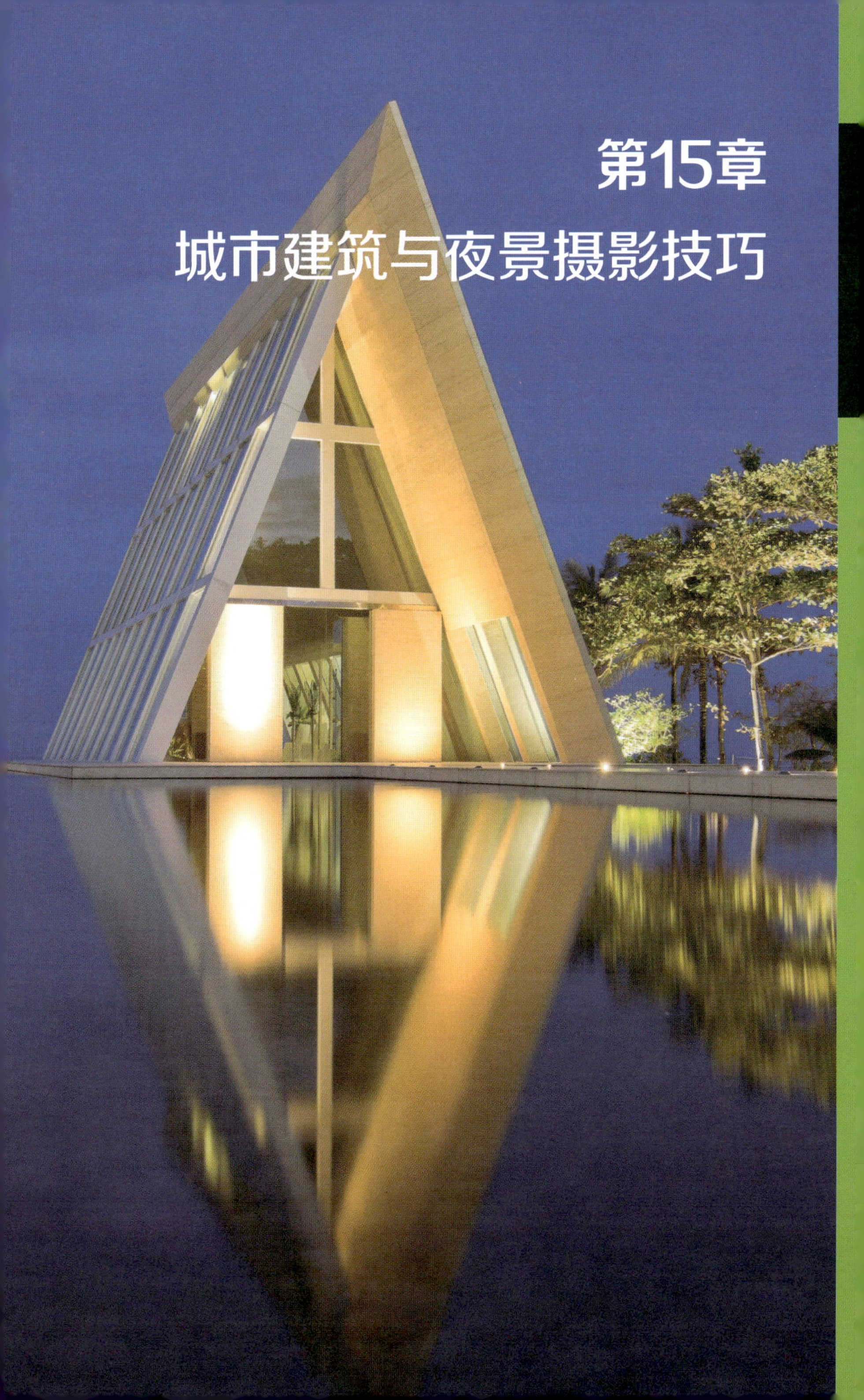

第15章
城市建筑与夜景摄影技巧

拍摄建筑的技巧

逆光拍摄建筑物的剪影轮廓

许多建筑物的外观造型非常美，对于这样的建筑物，在傍晚时分进行拍摄时，如果选择逆光角度，可以拍摄出漂亮的建筑物剪影效果。

在具体拍摄时，只需针对天空中的亮处进行测光，建筑物就会由于曝光不足，呈现出黑色的剪影效果。

如果按此方法得到的是半剪影效果，还可以通过降低曝光补偿使暗处更暗，建筑物的轮廓外形就更明显。

在使用这种技法拍摄建筑时，建筑的背景应该尽量保持纯净，最好以天空为背景。

如果以平视的角度拍摄，若背景出现杂物，如其他建筑、树枝等，可以考虑采用仰视的角度拍摄。

80mm F6.3 1/320s ISO100

使用点测光对准天空亮处测光，得到呈剪影效果的建筑

拍出极简风格的几何画面

在拍摄建筑时，有时在画面中所展现的元素很少，但反而会使画面呈现出更加令人印象深刻的视觉效果。在拍摄建筑，尤其是现代建筑时，可以考虑只拍摄建筑的局部，利用建筑自身的线条和形状，使画面呈现强烈的极简风格与几何美感。

需要注意的是，如果画面中只有数量很少的几个元素，在构图方面需要非常精确。另外，在拍摄时要大胆利用色彩搭配技巧，增加画面的视觉冲击力。

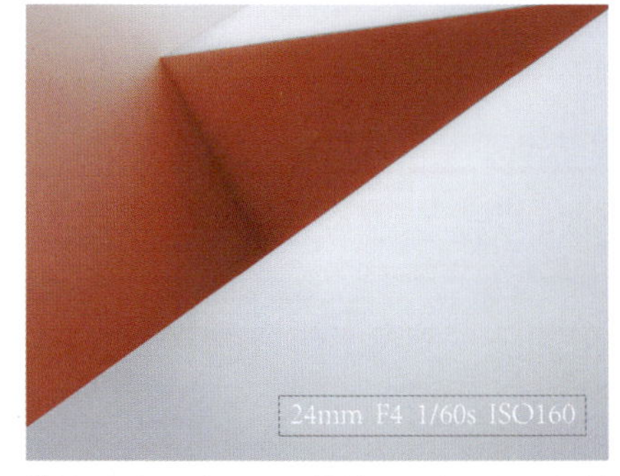

摄影师寻找到一处简单的室内一角，倾斜相机使画面形成斜线构图，红和白的色彩对比，使简单的画面更具有艺术范儿

使照片出现窥视感

窥视欲是人类与生俱来的一种欲望，摄影从小小的取景框中看世界，实际上也是一种窥视欲的体现。在探知欲与好奇心的驱使下，一些非常平淡的场景也会在窥视下变得神秘起来。

在拍摄建筑时，可以充分利用其结构，使建筑在画面中形成框架，并通过强烈的明暗、颜色对比引导观者关注到拍摄主体，使画面产生窥视感，从而使照片有一种新奇的感觉。

框架结构还能给观者强烈的现场感，使其觉得自己正置身其中，并通过框架观看场景。另外，如果框架本身具有形式美感，那么也能够为画面增色不少。

利用弧形的建筑造型作为框架进行构图，不仅可增加画面的空间感，还突出了主体在画面中的表现

通过构图使画面具有韵律感

韵律原本是音乐中的词汇，实际上在各种成功的艺术作品中，都能够找到韵律的痕迹。韵律的表现形式随着载体形式的变化而变化，均可给人节奏感、跳跃感与生动感。

建筑物被称为凝固的乐曲，意味着在其结构中本身就隐藏着节奏与韵律，这种韵律可能是由建筑线条形成的，也可能是由建筑物自身的几何结构形成的。

在拍摄建筑物时，需要不断调整视角，通过运用画面中建筑物的结构为画面塑造韵律。例如，一排排窗户、一格格玻璃幕墙，都能够在一定的角度下表现出漂亮的形式美感。

摄影师通过仰视拍摄旋转的楼梯，强烈的透视效果使画面看起来很有视觉冲击力，给人一种全新的视觉美感

摄影师通过仰视拍摄建筑内部，建筑的几何结构被完美地展现了出来

拍摄建筑精美的内部

除了拍摄建筑的全貌和外部细节之外，有时还应该进入其内部拍摄，如歌剧院、寺庙、教堂等建筑物内部都有许多值得拍摄的壁画或雕塑。

1. 拍摄器材

推荐使用广角镜头或广角端，镜头带有防抖功能为佳。

2. 拍摄参数的设置

推荐使用光圈优先曝光模式，并设置光圈在 F5.6~F10 之间，以得到大景深效果。

建筑室内的光线通常较暗，感光度一般是根据快门速度值来灵活设置，如果快门速度低于安全快门，则提高感光度以相应地提高快门速度，防止成像模糊。一般设置在 ISO400~ISO1600。

有防抖标志的尼康镜头

选择光圈优先模式

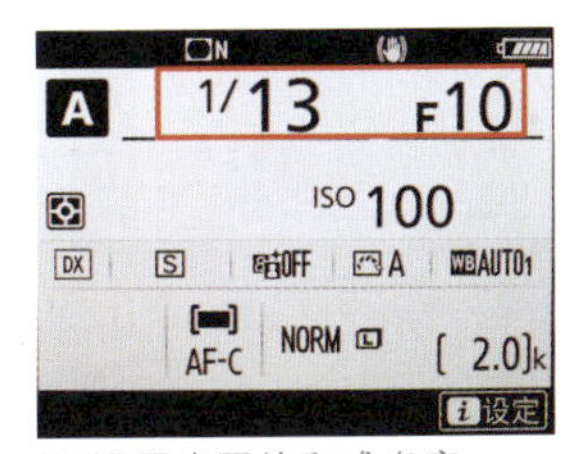

设置光圈值和感光度

由于室内光线较暗，为了提高快门速度，设置了较高的感光度，使用了高ISO降噪后得到了精细的画面效果

3. 开启防抖功能

在手持相机拍摄时，相机容易抖动，而且快门速度一般不会非常高，容易造成画面模糊，因此需要开启镜头上的防抖功能来减少画面模糊的概率。

4. 开启高 ISO 感光度降噪功能

使用高感光度拍摄时，非常容易在画面中形成噪点，高感效果不好的相机噪点更加明显，因此需要开启相机的“高 ISO 降噪”功能。

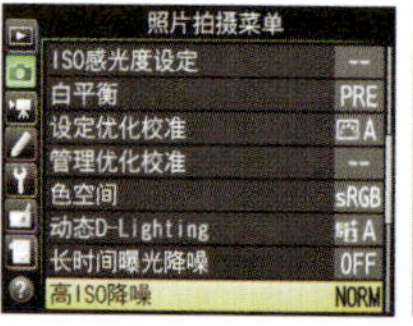

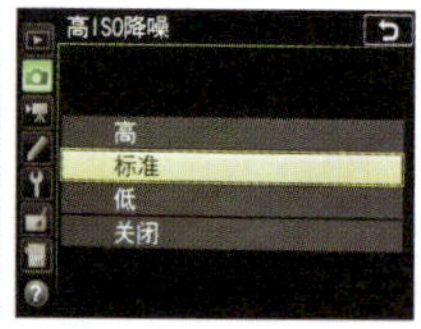

开启相机的高ISO感光度降噪功能

5. 设置测光模式

测光模式设置为矩阵测光，针对画面整体测光。

6. 其他设置

除了前面的设置外，还有一个比较重要的设置是存储格式，将文件格式存储为 RAW 格式，这样可以很方便地后期进行优化处理。

如果想获得 HDR 效果的照片，可以开启相机的 HDR 模式（仅限于 JPEG 格式）或使用包围曝光功能拍摄不同曝光的素材照片，然后进行后期合成。

7. 拍摄小技巧

室内建筑一般都有桌椅或门柱，在不影响其他人通过或破坏它的情况下，可以通过将相机放置在桌椅上或倚靠门柱的方式来提高手持拍摄的稳定性。

如果是仰视拍摄建筑顶面的装饰，可以开启相机的即时取景拍摄模式来提高拍摄姿势的舒适性，如果所使用的相机有旋转液晶显示屏，则还可以调整屏幕来获得更舒适的观看角度。

18mm F5.6 1/60s ISO800 使用广角镜头拍摄，将教堂里的精致细节都展现了出来

拍摄夜景的技巧

天空深蓝色调的夜景

观看夜景摄影佳片就可以发现，大部分城市夜景照片天空都是蓝色调，而摄影初学者却很郁闷，为什么我就拍不出来那种感觉呢？其实就是拍摄时机没选择正确，一般为了捕捉到这样的夜景气氛，都不会等到天空完全黑下来才去拍摄，因为照相机对夜色的辨识能力比不上我们的眼睛。

1. 最佳拍摄时机

要想获得纯净蓝色调的夜景照片，首先要选择天空能见度好、透明度高的天晴夜晚（雨过天晴的夜晚更佳），在天将黑未黑的时候，城市路灯开始点亮了，此时便是拍摄夜景的最佳时机。

较晚时候拍摄的夜景，此时天空已经变成了黑褐色，可以看出，画面美感不强

2. 拍摄装备

使用广角镜头拍摄，以表现城市的繁华。另外，还需使用三脚架固定好相机，并使用快门线拍摄，尽量不要用手直接按下快门按钮。

三脚架与快门线

在天空还未暗下来时，以静静的水面为前景拍摄，建筑的实体与水面上的倒影形成了对称式构图，黄色的灯光在深蓝色调的衬托下，显得更加迷人

18mm F11 10s ISO200

3. 拍摄参数设置

将拍摄模式设置为M挡手动模式，设置光圈值F8~F16，以获得大景深画面。感光度设置在ISO100~ISO200，以获得噪点比较少的画面。

4. 设置白平衡模式

为了增强画面的冷暖对比效果，可以将白平衡模式设置为白炽灯模式。

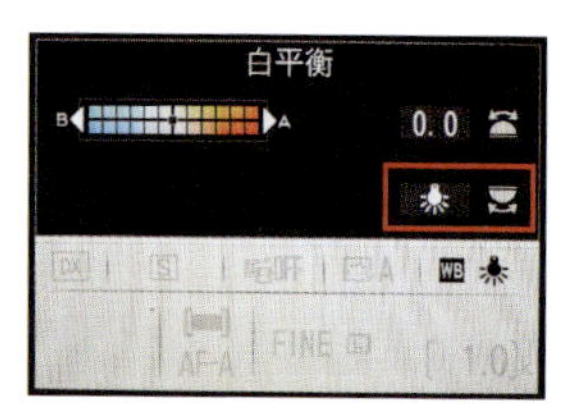

设置白平衡模式

5. 拍摄方式

夜景光线较弱，为了更好地查看相机参数、构图及对焦，推荐使用即时取景拍摄模式取景和拍摄。

6. 设置对焦模式

将对焦模式设置为单次伺服自动对焦模式；自动对焦区域模式设置为标准区域自动对焦模式。

如果使用自动对焦模式对焦成功率不高，则可以切换至手动对焦模式，然后按下放大按钮使画面放大，旋转对焦环进行精确对焦。

D7500相机是将即时取景选择器转至即时取景静态拍摄图标📷位置，然后按下Lv按钮即为即时取景拍摄模式

在即时取景拍摄模式下，按下相机的放大按钮，可以将画面放大显示，这一功能可以辅助手动对焦

7. 设置测光模式

将测光模式设置为矩阵测光，对画面整体半按快门测光，注意观察液晶显示屏中的曝光指示条，调整曝光数值使曝光游标处于标准或所需曝光的位置。

以深蓝色的天空来衬托夜幕下的建筑，摄影师在拍摄时适当减少了曝光补偿，从而使画面的色彩更加浓郁

8. 曝光补偿

由于在矩阵测光模式下相机是对画面整体测光的，会出现偏亮的情况，需要减少 0.3~0.7EV 的曝光补偿。在 M 挡模式下，使游标向负值方向偏移到所需数值即可。

观看液晶显示屏上的曝光指示游标

9. 拍摄

一切参数设置妥当后，使对焦点对准画面较亮的区域，半按快门线上快门按钮进行对焦，然后按下快门按钮拍摄。

车流光轨

在城市的夜晚，灯光是主要光源，各式各样的灯光可以顷刻间将城市变得绚烂多彩。疾驰而过的汽车所留下的尾灯痕迹，显示出了都市的节奏和活力，是很多人非常喜欢的一种夜景拍摄题材。

1. 最佳拍摄时机

与拍摄蓝调夜景一样，拍摄车流也适合选择在日落后，天空还没完全黑下来的时候开始拍摄。

2. 拍摄地点的选择和构图

拍摄地点除了在地面上外，还可找寻如天桥、高楼等地方以高角度进行拍摄。

拍摄的道路有弯道的最佳，如 S 形、C 形，这样拍摄出来的车流线条非常有动感。如果是直线道路，摄影师可以选择斜侧方拍摄，使画面形成斜线构图，或者是选择道路的正中心点，在道路的尽头安排建筑物入镜，使画面形成牵引式构图。

选择在天完全黑下来的时候拍摄，可以看出，虽然车轨线条很明显，但其他区域都黑乎乎的，整体美感不强

曲线构图实例，可以看出画面很有动感

斜线构图实例，可以看出车轨线条很突出

3. 拍摄器材

车流光轨是一种长时间曝光的夜景题材，快门速度可以达几秒、甚至几十秒的曝光时间，因此稳定的三脚架是必备附件之一。为了防止按动快门时的抖动，还需使用快门线来触发快门。

将背包悬挂在三脚架上，可以提高稳定性

4. 拍摄参数的设置

选择 M 挡手动模式，并根据需要将快门速度设置为 30s 以内的数值（多试拍几张）。光圈值设置在 F8~F16 之间的小光圈，以使车灯形成的线条更细，不容易出现曝光过度的情况。感光度通常设置为最低感光度 ISO100（少数中高端相机也支持 ISO50 的设置），以保证成像质量。

下方 4 张图是在其他参数不变的情况下，只改变快门速度的效果示例，可以作为曝光参考。

快门速度：1/20s

快门速度：1/5s

快门速度：4s

快门速度：6s

摄影师以俯视角度拍摄立交桥上的车流，消失在各处的车轨线条展现出了城市的繁华

5. 拍摄方式

夜景光线较弱，为了更好地查看相机参数、构图及对焦，推荐使用即时取景拍摄模式取景和拍摄。

6. 设置对焦模式

将对焦模式设置为单次伺服自动对焦模式；自动对焦区域模式设置为标准区域自动对焦模式。

如果使用自动对焦模式对焦成功率不高，则可以切换至手动对焦模式。

7. 设置测光模式

将测光模式设置为矩阵测光，对画面整体半按快门测光，此时注意观察液晶显示屏中的曝光指示条，微调光圈、快门速度、感光度使曝光游标到达标准或所需曝光的位置处。

8. 曝光补偿

在矩阵测光模式下会出现偏亮的情况，需要减少 0.3~0.7EV 的曝光补偿。在 M 挡模式下，调整参数使游标向负值方向偏移到所需数值即可。

9. 拍摄

一切参数设置妥当后，使对焦点对准画面较亮的区域，半按快门线上的快门按钮进行对焦，然后按下快门按钮拍摄。

奇幻的星星轨迹

1. 选择合适的拍摄地点

要拍摄出漂亮的星轨，首要条件是选择合适的拍摄地点，最好在晴朗的夜晚前往郊外或乡村。

2. 选择合适的拍摄方位

接下来需要选择拍摄方位，如果将镜头对准北极星，可以拍摄出所有星星都围绕着北极星旋转的环形画面。对准其他方位拍摄的星轨都呈现为弧形。

3. 选择合适的器材、附件

拍摄星轨的场景通常在郊外，气温较低，相机的电量下降得相当快，应该保证相机电池有充足的电量，最好再备一块或两块满格电量的电池。

长时间曝光时，相机的稳定性是第一位的，稳固的三脚架及快门线是必备的。

原则上讲使用什么镜头是没有特别规定的，但考虑到前景与视野，多数摄影师还是会选用视角广阔、大光圈、锐度高的广角与超广角镜头。

表现星星轨迹的画面，可将地面景物也纳入以丰富画面

4. 选择合适的拍摄手法

拍摄星轨通常可以用两种方法。一种是通过长时间曝光前期拍摄，即拍摄时使用 B 门模式，通常要曝光半小时甚至几个小时。

第二种方法是使用间隔拍摄的手法进行拍摄（如果相机无此功能，可以使用具有定时功能的快门线），使相机在长达几小时的时间内，每隔 1 秒或几秒拍摄一张照片，建议拍摄 120~180 张，时间 60~90 分钟。完成拍摄后，利用 Photoshop 中的堆栈技术，将这些照片合成为一张星轨迹照片。

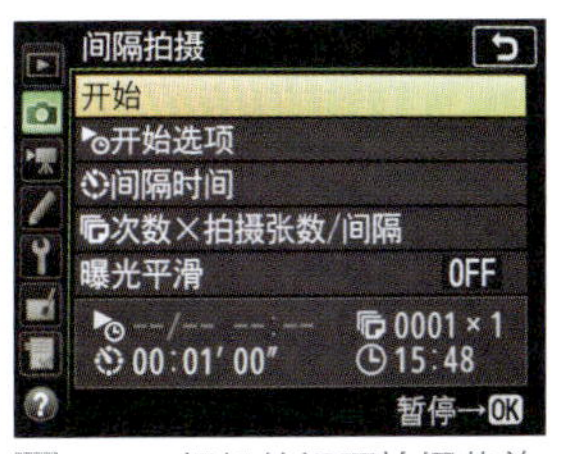

D7500相机的间隔拍摄菜单

笔者在国家大剧院前面拍摄的一系列素材

通过后期处理后得到的成片

5. 选择合适的对焦

如果远方有灯光，可以先对灯光附近的景物进行对焦，然后切换至手动对焦方式进行构图拍摄；也可以直接旋转变焦环将焦点对在无穷远处，即旋转变焦环直至到达标有∞符号的位置。

6. 构图

在构图时为了避免画面过于单调，可以将地面的景物与星星同时摄入画面，使作品更生动活泼。如果地面的景物没有光照，可以通过使用闪光灯人工补光的操作方法来弥补。

7. 确定曝光参数

不管使用哪一种方法拍摄星轨，设置参数都可以遵循下面的原则。

尽量使用大光圈。这样可以吸收更多光线，让更暗的星星也能呈现出来，以保证得到较清晰的星光轨迹。

感光度适当高点。可以根据相机的高感表现，设置为ISO400~ISO3200，这样便能吸收更多光线，让肉眼看不到的星星也能被拍下来，但感光度数值最好不要超过相机最高感光度的一半，不然噪点会很多。

如果使用间隔拍摄的方法拍摄星轨，对于快门速度，笔者推荐8s以内。

8. 拍摄

当确定好构图、曝光参数和对焦后，如果是使用第一种方法拍摄，释放快门线上的快门按钮并将其锁定，相机将开始曝光，曝光时间越长，画面上星星划出的轨迹越长越明显，当曝光达到所需的曝光时间后，再解锁快门按钮结束拍摄即可。

如果是使用第二种方法拍摄，当设置完间隔拍摄菜单选项后，在菜单中选择“开始”选项后，即开始按照设定参数进行连续拍摄，直至拍完所设定的张数，才会停止拍摄。

通过2610s的长时间曝光，得到了线条感明显的星轨

光线摄影